U0287622

名师课堂·心理学系列

工程心理学笔记

审校 张侃　　编著 牟书

商务印书馆
The Commercial Press
2013年·北京

图书在版编目(CIP)数据

工程心理学笔记 / 张侃审校,牟书编著.
—北京:商务印书馆,2013
(名师课堂·心理学系列)
ISBN 978-7-100-09882-3

Ⅰ.①工… Ⅱ.①张… ②牟… Ⅲ.①工程心理学
Ⅳ.① TB18

中国版本图书馆 CIP 数据核字(2013)第 059033 号

工程心理学笔记

张 侃 审校

牟 书 编著

商 务 印 书 馆 出 版
(北京王府井大街36号 邮政编码100710)
商 务 印 书 馆 发 行
北京市白帆印务有限公司印刷
ISBN 978-7-100-09882-3

2013 年 5 月第 1 版　　　开本 787×960　1/16
2013 年 5 月北京第 1 次印刷　印张 14½　插页 1
定价:29.80 元

"名师课堂·心理学系列"
编写说明

这套"名师课堂·心理学系列"图书是商务印书馆邀请中国心理学界一线知名学者共同策划的大众心理学读物。本系列图书以课堂笔记的形式呈现内容，让您的阅读过程有如亲临讲课现场，与老师面对面，聆听老师"传道、授业、解惑"。大量的手绘插图和区块化设计，不仅让行文更加生动，也更便于读者理解相关知识点。无论是普通的心理学爱好者，还是有志于深造的学子，都会在阅读过程中发现心理学的学习过程原来可以这样高效、轻松、有趣。

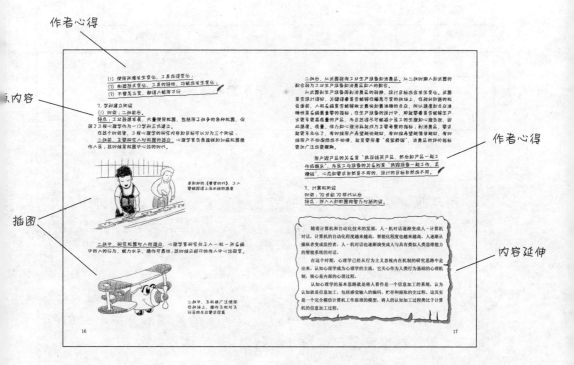

如果是学习本专业的读者，我们建议您仔细阅读每本书的序言和序言后老师们自己的学习经验和心得。这里有各位老师独家的学习方法和研究感受，希望对您未来的学习和研究能有具体帮助。这也是本系列图书有别于其他心理学同类图书以及各位老师其他图书的地方。

 此为作者心得，便于读者更好地理解相关内容。

 此为内容延伸，便于读者更深入地理解相关内容。

 此为重点内容，便于读者掌握关键内容。

对于想要快速阅读本书的读者，建议重点阅读每页波浪线标注的内容，配合插图加深理解，可有效掌握相关内容。

对于想要深入了解这门学科的读者，请关注附录中老师们的参考文献，这是一条可以追寻的线索。

目　录

从仰望天空到学习工程心理学

（代序）

我幼年在一个叫凤凰山的地方度过。夏夜，常和大人们在外乘凉并仰望天空，寻找那条隔开了牛郎与织女的银河和相关的星座，很向往之。上初中，参加制作航空模型，又看到一本讲直升机的书，就对航空着迷，每期的《航空知识》来了，都要囫囵吞枣地一气儿看完。自以为搞航空是自己的宿命。

"文革"来了，一切都改变了。为了有个出路，学了医，是西医。1978年考研究生，看到中国科学院心理所招收航空工程心理学研究生。看到了"航空工程"几个字，莫名兴奋，更加之考试科目觉得还能对付，就考到了心理所来，走上了工程心理学的学习和研究道路，完全是"误入歧途"。那个时候，年轻人思想比较简单，觉得既然来了，学好了就是了。后来，也确实为国家的飞行员和宇航员的选拔做了点事，总算是与天空还有点关系。

任何一门学问，一旦进去了，就会觉得真有意思，真有用。工程心理学也是如此。现在大家都知道了，工程心理学是研究人在人机系统中的信息加工的特征、能力特点和局限性的一门学科。从基础研究的层面看，它就是在人机环境的背景下的实验心理学，因此，很多研究看起来和认知研究没有什么差别，都涉及知觉、记忆、注意、人格、决策、意识等方面的问题。由于它是以人机系统为背景来研究的，因此其成果更容易用于人机系统的设计，以使得人机系统达到安全、高效和舒适的目标，这之后就成了另外一门密切相关的学科——人因学的全部。正因为如此，我服务的中国科学院心理所的实验室，叫做工程心理学／人因学实验室。

现在，普遍认为，制造工具是人脱离动物界、成为人的一个重要的标志。实际上，人的所有活动都离不开工具。吃饭，我们要用筷子；写字，我们要用笔。这种人和工具的联系就形成了最初的人—工具系统，也就是最简单的人机系统。大家都知道，筷子如果太短了、太长了，都不好用，如果遇到不好用的筷子，没有人觉得自己的手长得不好，而是要寻找一双合适的筷子。这个道理，古人很明白，他们总是让工具适合于人。但是，在工具方面变得发达了以后，成为机器了，这个道理却常常被遗忘了，遇到不好用的机器，大家总是怪人笨，出了问题，就归为人的错误。我到过很多的旅馆，常常遇到不会打开旅馆电视机的情况。打电话叫服务员来，虽然都比较热情，但是，也常流露出"连这个都不会？"的表情。

从哲理上讲，人是天生的、先来的，只有让机器适合于人才是正理。工程心理学研究正是要搞明白人的基本特征设计，然后，让设计机器的人，按照符合人的特征去设计。万一不按人的特征，那么就会有不好用、甚至发生事故的可能。我们从事的，就是这么一个造福于人的研究，因此，每天都很高兴。

研究任何问题，都要了解研究的对象。学习工程心理学，就是心理学和工程两个关键词。首先它是心理学的一个分支，要有心理学的基础，特别是认知心理学和实验心理学。同时，还要对机器部分有所了解。比如，研究人与计算机的交互作用，如果对什么是计算机、如何使用计算机一窍不通，那么就会遇到很多说不明白的地方。因此，同学们参加实习是学习中一个很重要的环节。毕业以后找工作时，公司也往往会看重您在何处实习过。

工程心理学毕业的学生多数到公司工作，也有在研究机构、高校或者其他部门工作的。到目前为止，在国内的就业都是比较令人满意的。希望这个笔记对您有所帮助。

张侃

2012 年 11 月 1 日

于中国科学院心理所

我与工程心理学

一、我为什么要研究工程心理学

我年轻时候的志向是搞航空研究，当时考试的专业是航空工程心理学。我只看到了前面四个字"航空工程"，但考上来之后发现学习的是工程心理学。当时虽然是可以改行的，但我却并没有换专业，这主要是因为我觉得研究工程心理学不仅有意思，而且也很有意义。

工程心理学的研究很有意思。人做任何事情都离不开工具，要做好任何一件事情，都需要解决人和人造物的配合问题。过去我们陷入一个认识上的误区，认为人和物配合不好主要是人的问题，但工程心理学告诉我们这实际上是物的问题。从效率的角度说，人类进化了几千万年成为现在这个样子，要改变人是很难的一件事。从哲理的角度说，人是天生如此的，凭什么要改变人呢？因此应该改变物。那怎么改变物？就要根据人的特点来改变物。所以我们要研究人的心理需求、人的能力、人的认知加工特点、人的注意的特点，等等。在静止的情况下研究人，人是死板的；但在人机互动的环境下研究人，人就更加生动、也更加有意思了。

工程心理学的研究非常有意义：就我个人来说可以说部分实现了从事航空航天研究的梦想，对于国家来说实用性也很强——航空航天对于人确实有特殊的需求，这需要工程心理学进行大量基础性和应用性的研究。工程心理学研究对社会的影响也很大，比如说，汽车很好，但是汽车也撞死了很多人，驾驶汽车的人并不愿意发生这样的事情，工程心理学研究可以减少事故的发生，让驾驶更加安全。

工程心理学主要做三件事。

第一件事，当我们把人研究清楚了以后，就要让物的设计更适合人。如何让物适合人的使用？举例来说，iPhone手机为什么那么受欢迎？所有智能手机的硬件其实都差不多，iPhone的过人之处在于其软件设计：使用其软件基本上都是分三个步骤，如果不行的话还可以一键恢复、从头再来，甚至连小孩子都可以很快学会。物的设计适合人的特点用起来就简单，不适合人的特点用起来就不简单。从商品的角度来讲，让商品看起来漂亮只是一个方面，适合人的使用是设计最主要的方面，现在也有很多人在研究商品的可用性。

第二件事，就是研究如何选拔人。这是因为无法在任何情况下都能做到让机器适合人的使用，比如航空、航天、潜水及至运动员的选拔，工程心理学要研究的，是看什么人适合做什么事情。

第三件事，就是在选拔了合适的人之后对人进行训练。心理学知道人的学习特征和过程，可以指导怎么样用相应的办法让人更快地学习。我们为空军做的选拔飞行员的系统，就可以在很短时间内检验出被选拔者的特质，发现其中潜能最大的学员。

二、怎样学习工程心理学

学习工程心理学的一般有两种人，对这两种人有不同的学习要求。

第一种人是将工程心理学当做一门知识来学习的人，比如本科生，只要有一定的实验心理学、认知心理学的基础，懂实验设计和统计方法，有教材、有老师的指导，基本上就可以把这门课学好了。有的学生可能觉得研究机器没有意思，但任何知识都是对完整个体的塑造，当遇到相关的问题时，你知道用工程心理学的知识去解决，这就很有意思。

第二种人是要进行专业研究的人，这类人要学习好工程心理学，就必须进行更加系统的学习，重要的是理论学习和理论运用的交互进行。我们课题组的人并不精通机器，但是他们至少懂机器。举例来说，要研究驾驶安全，至少要知道汽车是怎么驾驶的，知道汽车运行的一些基本原理。要研究飞行员，那就至少要了解飞行器的仪表是怎么显示的、飞行员的训练过程等等。现在做的实验都有一个表面效度的问题，即做的事情与实际的事情在表面上是不是比较像，为提高实验的表面效度，就应该带着问题在实践当中学习。

工程心理学的硕士和博士研究生，毕业之前在大公司的实习环节是非常重要的。实习的过程就是做项目的过程，他们可以了解在实践当中如何使用工程心理学的原理和产品设计当中涉及哪些工程心理学方面的知识，这对他们了解产品设计的原理以及今后从事哪个方面的工作是非常重要的。在中科院心理所，我会要求学生至少有半年时间的实习，去比较好的人机交互实验室或研发部门参与实际工作。

就一般要求而言，做工程心理学的研究与其他专业并无不同，就是需要研究者有较好的英语能力、阅读文献的能力，要了解国际上的研究状况，掌握实验设备、仪器的使用，要有实验设计的能力，要能提出问题、提出解决方案，最后把这些写成论文并得到同行的认可。

不过，我更认为对社会大众来说，学习一点工程心理学的意义可能也很大。工作当中我们同样是使用几种工具，同样是做几件事情，如果在这个过程中能够考虑到人机配合的关系，就会想到工作的次序，考虑安排工作的时间次序和空间次序。工程心理学的第一条原理就是可见性原则，比如做一个PPT，做展示，首先要让人看见，其次要让人看得清楚、记得住。通过使用这些原理，就会大大提高工作效率，并进一步给人们带来精神上的愉悦。

　　我们可以随处发现工程心理学的用武之地。比如，开车在路上经过一个指示牌，牌子一闪而过，开车的人想看却没看清楚，我们就可以确定，这个指示牌需要重新设计。首先要让行人在一瞬间能够看到上面的信息，然后要控制一瞬间可以吸收的信息量，内容也不能太多，要让开车的人掌握要点。

　　各门科学的问题都是贯通的，工程心理学的学习也没有特殊性。"学而不思则罔，思而不学则殆"，学习的海洋无比广阔，要知道学习什么就得思考；但是只是思考就会陷入困境，不尊重知识就无法获得思考的结果。在学习的过程中还需要沟通，学问学问，就是学会沟通和交流。有学习，有思考，有交流，再加上实践，效率就更高了。

张侃

2012 年 11 月 12 日

于中国科学院心理所

第一章 工程心理学概述

第一节 工程心理学是什么？

一、工程心理学研究什么？

1. 工程心理学研究的内容

研究在人—机系统中，人的信息加工的能力和限度，以便能更好地设计和制造设备或产品。

> 飞机驾驶舱里有几百上千个开关，操作极其复杂，再有经验的飞行员，也难保不会出错。飞行员出错，那可就是机毁人亡的大事。那么，怎么设计飞机驾驶舱，才能让飞行员尽可能地少犯错呢？这属于工程心理学要研究的内容。
>
> 为什么苹果公司生产的 iPhone 特别受欢迎？因为苹果的产品简洁漂亮，操作流畅，触摸屏操作简单，用起来特别舒服。那么怎样才能设计出这么"舒服"的产品呢？这也是工程心理学要研究的内容之一。

人—机系统，又称人—机—环境系统，指人—机器—环境三者组成一个整体的系统。

（1）人：

人—机系统中的机器或设备要完成功能，往往需要与人合作。只要与人合作，就必须要符合人的心理。在人机系统中，人和机器要一起工作，但两者的能力又很不一样，因此在设计系统的时候，就有一个问题，即以谁为中心。

关于人在系统中的地位和作用的两种观点：

机器中心论：认为机器处于人—机—环境系统的中心，强调机器的作用，强调人对机器的适应，忽视人的地位。机器中心论更重视人的选拔和培训。

人中心论：认为人应该处于系统中的中心位置，强调人的地位，强调机器对人的适应。

在人和机器的合作中，机器和环境的设计都应该符合人的利益和要求，而不应该由人去适应机器的要求。人中心论更重视人机系统的设计。

这种界面的电脑经过训练的人才能使用，很多人受到限制。这种界面的指导思想就是机器中心论。

这种界面对使用者的要求不高，很容易上手，因此连老年人都能使用。这就是在"人中心论"指导下设计出的界面。

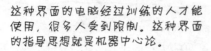

从命令语句界面到图形界面，实际上就是从机器中心论到人中心论的转变。

知觉能力	人	机器
觉察视听信息中的细微变化	强	弱
噪声背景中觉察特定的目标	强	弱
对异常或者意外事件的感知能力	强	弱
觉察非常短或非常长的声波	弱	强
在复杂的"图式"（视、听）中识别微小的变化	弱	强
监测和预测能力	弱	强
记忆能力和处理能力		
长时间存储概念化信息	强	弱
长时间存储细节性信息	弱	强
快速而准确地提取信息	弱	强
对多位数进行计算	弱	强
决策能力		
归纳推理能力	强	弱
做出主观评价或估计	强	弱

在负荷过载时，按任务重要性分出缓急	强	弱
设计策略以解决新的问题	强	弱
持久性和稳定性		
对特定信号做出快速持久反应	弱	强
执行重复性活动的可靠性	弱	强
长时间保持良好技能	弱	强
同时执行几种活动	弱	强
在大的负荷条件下保持有效操作	弱	强
在分因素存在的条件下保持有效的操作	弱	强

总的来说，人的信息加工比较灵活，容错能力较好，而机器的细节加工和存储能力更强，反应速度更快，持久性和稳定性也更好。

基本设计原则：让机器做大部分的工作，让人做机器所不能做的工作，要训练操作者让他们能适应机器。

（2）机：广义的人机系统中，"机"的范围很广，只要是人为了某种目的而制造出来的产品，都可以称为"机"。

锤子、桌子、计算机、手机、洗衣机、飞机，这些都是属于"机"的范围。

（3）环境：即人机系统的使用环境。每个人—机都是在一定的环境下使用的，设计的时候也必须要考虑其使用环境。"环境"不仅指各种物理环境因素（如温度、湿度、光照等），也包括劳动组织、工作制度等社会环境条件。

比如一个办公自动化软件，在设计的时候就得考虑使用单位的组织结构等社会环境。

3

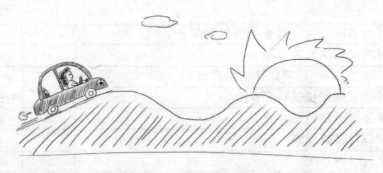

平原地带的汽车和高原地带的汽车，由于使用环境不一样，设计的时候要考虑的因素也不一样。

2. 人机交互——工程心理学研究的核心内容

人和机器进行信息的交换叫人机交互。

人机的信息交互是人机系统能够正常工作的前提保证。一个大系统要高效地完成它的任务，系统各个部分之间要能够顺利地进行信息交换。人和人的团队如此，人和机器的系统也是如此。

巴比伦的通天塔之所以没有建成，是因为上帝故意变乱了人们的语言，使得各个地方的人们无法顺利交流。

人机界面：人和机器进行信息交互的界面。包括两个部分，一个是人向机器传递信息，另一个是机器向人传递信息。

人在使用电脑的过程中，键盘和鼠标是人向电脑提供信息，屏幕或者音箱是电脑向人给出信息。这些就是人—电脑交互界面。

人在驾驶汽车过程中，司机通过油门、刹车、挡位等项机械装置向汽车输入信息，汽车通过油量计、反光镜等装置向人给出当前汽车状态的信息。这些装置就是人—汽车交互界面。

人机界面的信息交换过程可以用以下的图表示：

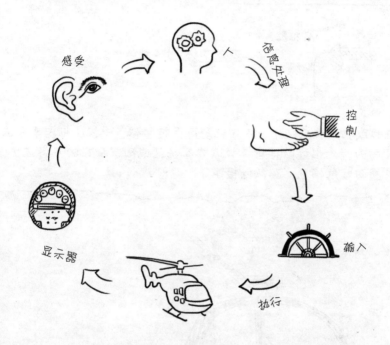

3. 人—机—环境系统的类型

对人机系统进行分类，是为了能够更清楚地对这些人机系统进行分析。不同分类的人—机—环境系统，人和机器的作用不同，在设计的时候需要考虑的地方也不同。

(1) 串联式人机系统和并联式人机系统（按照人和机器的连接方式）
串联式人机系统中，人、机连环串接，人、机任何一方停止活动或发生故障，都会使整个系统中断工作。

人 —信息→ 机器设备 —信息→ 人

一般的汽车驾驶，就是串联式系统，人不踩刹车，汽车就不会停下来。比如，人如果晕倒了，汽车就失控了，同样，汽车如果没油了，整个系统都得停止工作。

并联式人机系统中，人、机并接，两者可互相替代，在自动化系统中，人、机之间多采取并联的形式。

信息 —→ { 机器 ⌐ 人 }   —→ 下一步的指令

在并联式人机系统中，人和机器可互相替代，一般由机器来完成工作，但必要的时候人也可以接管。并联式系统就像刚学开车的人旁边坐了一个陪练。遇到紧急情况，陪练就接手了。

自动驾驶的汽车，就是并联式系统。人只需要在旁边监控，必要的时候接管就可以。比如在比较好的路况条件下，就由系统来控制汽车的前进，但遇到有突发状况或路况比较复杂的时候，人就接手操作。

(2) 闭环式人机系统和开环式人机系统

闭环式人机系统：人可以根据机器工作的反馈信息，进一步调节和控制机器的工作。闭环式系统往往比开环式系统更有效。

人机系统设计通常采用闭环式系统。

骑自行车是一个闭环控制，人会根据眼睛看到的和身体感受到的信息不断调整自己的方向和速度。

开环式人机系统：人在系统开始运行之后不能调节和控制机器的工作。

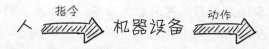

投篮就是一个开环控制，球一投出，人就无法控制其行进方向和远近。有些机器是自动闭环系统，虽然不需要人的干预，但它自身会采集信息并不断修正自己的工作状态，如导弹。有些机器则是自动开环系统，比如声控开关。

(3) 手控式人机系统、机控式人机系统、监控式人机系统

手控式人机系统：由手工工具和人构成，人是提供动力的来源。这种系统对体力要求较高。设计这类系统的时候，重点需要考虑的是如何节省体力。

例如以前的手动纺车、磨盘等。

机控式人机系统：以电能等作为动力，人主要是依靠显示器来了解机器的。这种系统对人的体力要求相对降低，而对心理功能的要求提高。系统的效率和工作质量主要取决于机器的性能特点与人的信息加工能力的匹配。

例如驾驶汽车和操作普通机床。

监控式人机系统：机器本身是一个闭环系统，它能自动实现包括信息接受、加工和执行等功能。人的作用主要表现为，向机器输入工作程序和对机器的运转进行监视。也称为自动化人机系统。

例如，电站集中控制室、自动化生产车间、用自动驾驶仪操纵的飞机等，都属于自动化人机系统。自动化人机系统大部分是并联式系统。

工程师在操作数控机床来切割模具。在这个过程中，工程师并不直接操作机器，他们只是设计并编程并监控机器的运转，切割过程在机床内部自动完成。

二、工程心理学的研究目标

1. 提高人机系统的绩效

人机系统的效率不仅取决于人或机器各自的效率，同时也依赖于人、机、环境三者的配合和协调。

这就是通常说的整体大于部分之和！

我们那旮旯老停电，这冰箱经不起折腾，很快就坏了，不好不好！

机器不适应环境

就是说，要合适的人在合适的环境下用合适的机器，才能最大程度发挥机器的功能！

这是什么东西？能吃吗？

人不适应机器

2. 增进人机系统的安全

工程心理学研究人心理能力的限度，避免因为系统设计不合理造成人犯错的概率增加，导致安全问题。

摔倒不是因为我技术不好，是雪橇板设计不合理……

工程心理学的观点：所有的错误都是系统设计造成的！即使是由于人操作失误引起的，那也是因为系统的设计没有能够防止人犯错误。例如，很多人开车的时候忘记系安全带，撞车的时候容易受伤，很多汽车就增加了提醒驾驶员系安全带的功能。

3. 提高人员使用系统的满意度

满意度就是用户在使用过程中的愉快或失望的感觉状态，是当前工程心理学中重点关注的内容。

有时候我们觉得一个产品用起来"感觉很舒服"，就是指其产品的用户满意度很高。

工程心理学的三个目标是层次递进的关系，早期的工程心理学强调前两个目标，即系统的绩效和安全，而目前对消费产品的设计，则更多地重视第三个目标即满意度。用户喜欢用让他们觉得舒服的产品，而不一定会选择那些在操作速度上会快那么一点点的产品。

说实话，只有那些喜欢反常规的人，才会对这种水壶满意吧！这当不是说明，对产品是否满意，有很大的个体差异？

三、工程心理学在工业生产中的任务

1. 确定人体生理心理特点和人的工作能力限度

工程心理学对人的身心特点，特别是对人在各种情况下的工作能力和行为特点进行研究，以便为系统设计提供原则。

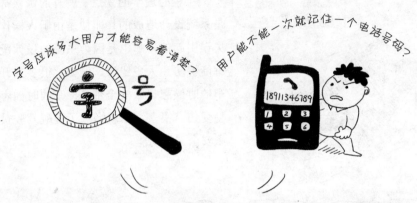

字号应该多大用户才能容易看清楚？用户能不能一次就记住一个电话号码？这些都是工程心理学应该通过研究确定下来的原则，并交给界面设计师，帮助他们更好地设计产品。

2. 制定人机相互作用过程设计原则

在人机系统中，人机相互作用是通过信息显示装置和控制装置实现的人机信息交换的过程，工程心理学研究显示和控制装置的设计原则。

例如，手机界面设计是现在的研究热点，人和手机在界面中完成信息的交换。如何使这种信息交换更方便、快捷、准确，是工程心理学家要研究的内容。

3. 制定工作空间的设计原则

工作空间包括：空间大小和形状、显示器与控制器的位置、工作台的高低、座位的尺寸、机具和加工件的排列、工作间的距离等。

工作空间对操作人员的工作效率与系统的安全发生影响。详见第六章，人体测量与工作空间设计。例如飞机驾驶舱几百个控制器，几十个显示装置，怎么合理安排，难度很大！

4. 确定工作环境的要求

工程心理学研究环境对工作绩效的影响，提供工作环境设计的原则。

工作环境会影响工作效率，包括照明、环境等，还有一些异常因素包括超重、失重、高压、低压、缺氧的情况。例如：车间的灯光越亮，工人的工作效率越高吗？车间的温度和湿度应该多少比较合适？噪音对工人的工作绩效有什么影响？

5. 工作任务设计

工程心理学制定员工的工作任务，因为合理的工作任务能大大提高员工的工作效率，减少工作可能造成的伤害。

在泰勒著名的铁锹实验中，发现铲工不论是重物还是轻物，都用同一把铁锹。为此，泰勒设计出不同负荷的铁锹，用短柄铁锹铲铁矿石，用长柄铁锹铲轻的煤球，生产率大大提高，物料搬运成本从八美分／吨降到三美分／吨（Benjamin Niebel，《方法、标准与作业设计》，清华大学出版社，P8）。

铁矿石

煤球

6. 人员的选拔和培训

人员选拔是根据人和人在生理和心理上的差异，制定相应的标准，找到适合某种工作的人；培训是通过教学和实践来提高某一工作所需要的体力和智力技能，使员工能更好地从事某一工作。

事实上，选拔和培训，这就是想办法让人适应机器吧。

四、工程心理学和其他学科的关系

1. 工程心理学与工业心理学、人因学等的关系

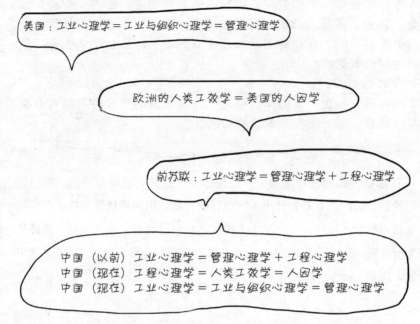

美国：工业心理学＝工业与组织心理学＝管理心理学

欧洲的人类工效学＝美国的人因学

前苏联：工业心理学＝管理心理学＋工程心理学

中国（以前）工业心理学＝管理心理学＋工程心理学
中国（现在）工程心理学＝人类工效学＝人因学
中国（现在）工业心理学＝工业与组织心理学＝管理心理学

工程心理学和其他学科，如工业心理学、工业与组织心理学、人类工效学、人因学的关系得从历史发展说起。事实上，不同的名称来源于不同的国家、不同的时期，也代表了该学科关注的研究范围。

工业心理学（Industrial Psychology）：来源于前苏联，工业心理学里包括管理心理学和工程心理学。其中管理心理学的重点在人和人的关系，包括团体动力学、组织行为学，它的上游是心理学里的社会心理学和人格心理学。工程心理学的上游则是实验心理学和认知心理学。

中国在前些年普遍采用这种定义。

工业与组织心理学（I/O Psychology）：美国多采用这种说法，强调的是其中的组织心理学，更多涉及企业中的人员关系。

人类工效学（Ergonomics）：是欧洲的惯用说法，英文单词原本是一个希腊词，意思是有效地使用人的体力的一门科学，偏重的是人和机器在体力上的配合。

12

人因学（Human Factors）：是美国说法。人因学研究与生产活动有关的人的物理的、生理的和心理的特性，并将这些有关人的科学知识运用于改善和优化人机系统的设计，使系统对人的作业的要求尽可能地适合操作者，以达到安全、舒适、高效地生产的目的。

人因学虽然与人类工效学不同，但内容实质上是一致的，不过人因学更偏重于人和机器在心理能力上的配合。

中国：国家标准局目前将研究人和机器关系的学科定义为"人类工效学"。但是随着学科的发展，现在研究者更重视人和机器在心理能力上的匹配，重点放在对"人"的研究上，因此"人因学"的说法更合适。

？ 可能过几年，中国的工程心理学就改成人因学了。

2. 心理学、工程心理学、工程设计的关系

工程心理学研究的三个层次：

（1）第一个层次，心理学层次，研究人的心理规律，追求最基本、最一般的普遍规律，为工程心理学提供理论基础。

这是工程心理学的理论基础。与工程心理学密切相关的心理学研究主要是指认知心理学。认知心理学研究人的基本认知过程，包括感觉、知觉、记忆、思维等等。心理学对心理基本现象的研究是工程心理学的理论基础，工程心理学的很多理论实质上是心理学理论在特定环境下的特定说明。因此，心理学研究是工程心理学的上游。

（2）第二个层次，工程心理学层次，强调在具体的人机系统环境下所做的心理学研究。

心理学的研究强调基本规律，因此基本在严格控制的实验室中进行，而工程心理学强调在特定环境下的心理和行为规律，研究者通常会采用模拟性的环境来做，两者的研究内容也有很大区别。

例如：探讨关于人经过多次训练可以产生自动化加工的相关理论。心理学层次的基础研究会采用严格控制的实验材料和任务，例如编一组手部动作，要求参加者在实验室中不断训练，看多少次训练可以达到自动化加工。

（3）第三个层次，<u>工程设计层次</u>，研究实际的工程设计如何进行。

工程心理学提供工程设计的原则，例如，为了让人机交互界面能够达到最好的效果，应该遵循哪些设计原则，如何根据这些原则来进行工程设计。虽然说工程心理学和工程设计人员可以组成一个团队来开展工作，但如果一个人同时具有工程心理学知识和工程设计的知识，那更受公司的欢迎。

比如要研究照明，心理学基础研究会讨论暗适应、光的感知觉、颜色感知觉等等。但在工程心理学里，就会根据具体的环境，选定特定的知觉目标、特定的光线，研究光的变化和调整对人知觉的影响，比如研究驾驶环境中对路标的识别。

第二节　工程心理学的历史与发展

工程心理学本身是一个交叉学科，又是一个应用学科，从萌芽到成形，经历了一段漫长的时间，工业生产本身的发展、心理学的发展、管理科学的发展，都为工程心理学的建立提供了必不可少的条件。

一、工程心理学的历史

1. 前学科阶段

时间：从人类制造工具开始。

特点：<u>在这个阶段工程心理学还不是一门学科，只是人类在工程设计和制造方面的知识的积累。</u>

人类从能够制造工具开始，就需要和所制造的工具合作，就存在人—工具的关系。在这个阶段，虽然没有工程心理学，但是人们都在遵从工程心理学的基本原理。

从原始社会起人就开始知道人跟工具是有固定的关系的。而这固定的关系就是大东西要适合于人，怎道这可能根据石头的大小呢？当然得根据手的大小来改变手的大小。小东西是固定的，人手的大小来选择合适的石头了。

这个石头小了点，不好用。

小石头

这个石头大小正好能握住，用来敲坚果最合适。

14

人们在发展当中遵循了一条最基本的原理，就是所有的一切皆为人机系统，人机系统中的工具部分必须适合人。从石器到后来的大刀长矛、煮饭的器具，都要符合人的使用特点。

这时候的人—机中的"机"，是静态的工具，这些工具自身不会运动，更不会自主运动，需要人给它们提供动力。人操作这些工具需要耗费体力，因此这时候的人—机配合主要强调人的体力和工具的配合，也就是后面要讲的要探讨人体测量、生物力学和工具设计的关系。

例如，古今中外，兵器的种类非常多，矛、剑、刀、斧头、流星锤……哪种兵器最好呢？仔细看看，发现这其实是一个工程心理学的问题，没有最好的兵器，只有最适合使用者、最适合使用环境、能够取得最大效用，以及最经济、当时技术能够达到的兵器。从刀剑的历史上，我们就可以看到这一点。

青铜时期，青铜做的剑硬而脆，适合切而不适合砍，且剑很短，不适合车战，车战中双方的距离远，还是得用长矛或者戈。

钢铁冶炼技术出现，钢铁剑的硬度和韧性都很好，人们能够造出很长的钢铁剑，适合马战。但在马背上，切削功能（刀）比直刺功能（剑）更重要，因此长刀逐渐代替了长剑。

我们见到很多关公图像都是关公站立，威风凛凛地拿着"青龙偃月刀"，但其实这大刀主要是在马上使用的，站在地上用这刀很难杀敌。

15

（1）使用环境发生变化，工具也得变化；

（2）制造技术变化，工具的特性、功能也发生变化；

（3）不管怎么变，都得人能用才行。

2. 学科建立阶段

时间："二战"前后。

特点：工业迅速发展，大量使用机器，包括用于战争的各种机器，促进了工程心理学作为一门学科正式建立。

在这个时间里，工程心理学的研究内容和目标可以分为三个阶段：

"二战"前，主要研究人对机器的适应，心理学家负责选拔和训练机器操作人员；这时候是机器中心论的时代。

卓别林的《摩登时代》，工人要能跟得上流水线的速度。

"二战"中，研究机器对人的适应，心理学家研究处于人—机—环境系统中的人的行为、能力水平、操作可靠性；这时候已经开始向人中心论转变。

"二战"中，飞机被广泛使用在战场上，操作飞机对飞行员的反应要求很高。

"二战"后，从武器转向工业生产设备和消费品。从"二战"时期人和武器的配合转为工业生产设备和消费品与人的配合。

从武器到生产设备再到消费品的转换，设计目标也会发生变化。武器是否设计得好，关键得看是否能够在瞬息万变的战场上、在稍纵即逝的机会面前，人机系统是否能够做出最快和最准确的反应，所以速度和反应准确性是系统最重要的指标；在生产设备的设计中，那就要看是否能够生产出更多更高质量的产品，而且还得尽可能减少员工的生理和心理负担，因此速度、质量、体力和心理消耗就成为主要考察的指标；至于消费品，要求就更多元化了，有时候用户希望越快越好，有时候希望越简单越好，有时候用户不怕麻烦也不怕慢，就是要用着"感觉舒服"，消费品的评价指标更加广泛也更模糊。

用户跟产品的关系是"我花钱买产品，然后和产品一起工作或娱乐"，而员工与设备的关系则是"我跟设备一起工作，来赚钱"，心态和要求自然是不同的，设计的目标自然也不同。

3. 计算机阶段
时间：20 世纪 70 年代以后。
特点：进入人和机器的智力对话阶段。

随着计算机和自动化技术的发展，人—机对话逐渐变成人—计算机对话，计算机的自动化程度越来越高，智能化程度也越来越高，人逐渐从操纵者变成监控者，人—机对话也逐渐演变成人与具有类似人类思维能力的智能系统的对话。

在这个时期，心理学已经从行为主义忽视内在机制的研究思路中走出来，认知心理学成为心理学的主流，它关心作为人类行为基础的心理机制，核心是内部的心理过程。

认知心理学的基本思路就是将人看作是一个信息加工的系统，认为认知就是信息加工，包括感觉输入的编码、储存和提取的全过程。这其实是一个完全模仿计算机工作原理的模型，将人的认知加工过程类比于计算机的信息加工过程。

　　在这一时期，出现了很多科幻小说，描述具有人类思维的计算机和人进行交流，人类完全无法区分人和计算机。这其实代表了当时的一种思想，即认为我们已经掌握了人类思维的奥秘，很快能够创造出类比于人—人对话的机器。但随着科学技术的进一步发展，人们发现人和计算机的加工方式有很大差别，当年的幻想始终没有实现。

　　随着人工智能的发展，现在已经能够进行比较初级的人—智能机对话了。例如苹果公司的 iPhone4S 上的 Siri 软件。

　　和 Siri 对话，很像跟人对话，主要因为双方使用的都是自然语言，而不是冷冰冰的命令，这是人—机对话的发展方向：自然高效。但要达到这个目的，必须依靠人工智能的发展。

二、工程心理学历史中的代表人物

1. 泰勒(F.W.Taylor, 1856—1915), 钢铁公司工程师,"科学管理之父"

泰勒研究工人的工作程序、劳动节奏、疲劳、培训等因素对工作效率的影响, 注重人员的合理安排和劳动过程的标准化, 在此基础之上逐渐形成了科学的管理理论和制度,因此泰勒也被称为"科学管理之父"。

泰勒其实并不是心理学家, 甚至不是搞学术研究出身。泰勒出身于律师家庭, 原本打算子承父业从事律师工作, 1874年通过了哈佛大学的入学考试, 但因视力恶化, 只能放弃哈佛, 到他父亲朋友的一家公司做了学徒,4年以后到费城的Midvale钢铁公司工作, 很快得到提拔, 一路上升, 最后担任工厂的总工程师。在Midvale公司, 泰勒做了大量的研究, 探讨人和机器的生产效率。后来, 他离开Midvale公司, 专门从事管理咨询的工作, 慢慢形成了一套系统的管理体系。泰勒1883年到Stevens技术学院学习, 获得了机械工程的学位。1906年获得宾夕法尼亚大学的荣誉博士学位, 后来成为Dartmouth大学的Tuck商学院的教授。

不要以为泰勒是一个出身贫寒的工人, 完全依靠自己的天分和努力, 一步步走向成功的典型哦! 其实人家出身名门, 有良好的教育背景, 喜欢学习, 当年也是够上哈佛的料。他在工厂的研究和改革非常成功, 跟他的天分和努力确实有关, 但也跟其家庭背景有一定的关系: 他的姐姐嫁给了工厂老板的儿子(裙带关系无处不在!)。不过美国的教育体系确实很灵活, 他以学徒工的身份, 依然能够进入大学继续深造, 最终担任大学教授。

2. 吉尔布雷斯(F.B.Cilbreth, 1868—1916), 动作研究

动作研究, 就是把作业动作分解为最小的分析单位, 然后通过分析, 找到最合理的动作, 使作业效率达到最高。

19

吉尔布雷斯是建筑工人出身，后来创建了自己的建筑公司，他对科学管理很有兴趣，后来从事管理工作的研究。他的夫人是心理学家，两人合作在动作研究方面做出了很多成果。

吉尔布雷斯夫妇非常善于把工作和生活结合起来，单是如何养育 12 个孩子就是一个高难度的管理学课题！显然他们在这方面做得非常出色，后来他们的一对儿女写了一本书《效率专家爸爸》，书中描述了这对专门从事动作效率研究的夫妇如何用科学的方法管理一个有 12 个孩子的大家庭。书中有很多情节非常有趣，也通俗地

解释了吉尔布雷斯夫妇的工作。该书曾获得美国年度畅销书，国内很早就有翻译版。

《效率专家爸爸》书中有这样一段描述，生动地描写了吉尔布雷斯的动作研究：

是的，无论上班也好，在家也好，爸爸永远是效率专家。他穿背心时，纽扣不是从上面扣下去，而是从下面扣上来，因为从上扣下要七秒，而从下扣上只要两秒。他甚至用两把胡子刷同时刷脸颊，因为他发现这样可以使刮胡子的时间缩短 17 秒。还有一次，他试验过同时用两把剃刀刮胡子，但是后来还是取消了这种办法。

"我本来可以减少 44 秒，"他咕噜着说，"可是今天早上往脖子上缠纱布却浪费了我两分钟。"

叫他心疼的倒不是脖子上拉开的口子，而是那两分钟！

——《效率专家爸爸》

3. 闵斯特伯格（Hugo Münsterberg，1863—1916）

研究选拔、训练工人和改善工作环境，出版《心理学与工业效率》、《心理技术原理》。

观点：心理学家在工业中的作用应该是：帮助发现最适合从事某项工作的工人；决定在什么样的心理状态下，每个人才能达到最高产量；在人的思想中形成有利于提高管理效率的内容。

闵斯特伯格是真正心理学出身的工业心理学家。他在科学心理学的创始人冯特指导下获得心理学博士学位，之后又取得医学博士学位。闵斯特伯格在心理学的很多领域都有建树，尤其是创建了工业心理学，被认为是"工业心理学之父"。

"二战"前后正是行为主义在美国被广泛接受的时代，不管是心理学还是其他领域，都狂热地追求对行为的理解和控制，忽视对人的认知过程的研究。这种思想倾向表现在美国人因学上，便是强调行为动作（比如吉尔布雷斯），强调实用。不过可以看到闵斯特伯格的思想还是有很强的"意识""心理"的味道，因为他是德国出产的心理学家，德国的心理学界从冯特的构造主义到后来的格式塔心理学，一直没有接受行为主义那种只重视行为研究的做法，而是仍然将"意识"或者"心理"放在首位。

闵斯特伯格曾应美国心理学泰斗詹姆斯的邀请，到哈佛大学任客座教授，后来又接替詹姆斯的心理学实验室，1898年当选为美国心理学会主席。但第一次世界大战爆发前夕，美德关系紧张，闵斯特伯格也受到殃及，被怀疑成德国间谍，去世的时候美国心理学界也很少提到他。科学无国界，科学家有国界啊！

三、工程心理学的发展趋势——神经人因学

时间：进入 21 世纪以来。

特点：神经人因学是一门研究工作中的脑与行为的科学。大量的脑科学研究技术如ERP（事件相关电位）、fMRI（核磁共振）、眼动等应用到人因学的研究领域。

神经科学及其新近的分支学科是最近几十年心理学研究的发展方向，但一直都用于基础研究，最近研究者才开始关心神经科学的研究结果是否与真实环境中（相对于实验室）的人类功能相关。神经人因学是一门将研究与实践相交叉的学科，它将神经科学和工效学（或称为人因学）相融合，以发挥两者的最大优势。神经人因学主要研究人们在工作、居家、交通以及方方面面日常生活中的认知与行为活动过程中的大脑结构和功能。

神经人因学的研究目标并没有发生变化，仍然是提高系统的绩效，增进系统的安全，提高人员的满意度，只不过在测量方法上采用了脑电或者眼动等新的技术手段。

神经人因学试图研究与现实世界中的科技和环境相关的知觉与认知功能，如视觉、听觉、注意、记忆、决策以及计划等。由于人类大脑与外部环境的交互必须通过其肢体来实现，所以神经人因学也研究肢体行为的神经基础，如抓握、移动、提举物体和四肢的活动等等。

神经人因学还研究使用脑信号作为人类与自然环境以及人造环境沟通的渠道。在这种方法中，各种脑信号被用来控制外部设备，而无需肌肉的运动，用户被训练使用一种特别的、与某个独特的脑电信号相连的心理活动。这些脑电位被记录、加工、归类，用以提供一种实时操纵外部设备的控制信号，目前主要用于那些运动肌控制力有限，或毫无运动能力的患者。

例如：在评价驾驶员的心理负荷时，通常可以用主观评价和行为测量的方法（见第八章），但神经人因学能够提供更为敏感的指标。比如在驾驶疲劳时，驾驶员常出现"微睡"，但驾驶员自己难以对这种状态进行主观评价，行为指标又不明显，这时可以用脑电图测量微睡状态。

微睡：清醒状态中出现短暂数秒、无预警的睡眠状态，一般常发生于睡眠不足者。

德国科学家们开发了一种叫eyeDriver软件，驾驶者能通过眼睛引导汽车朝不同的方向行驶。驾驶者头上戴了一个头盔，头盔上有摄像头，摄像头可以收集驾驶者眼球的移动，并转化成控制信号来控制汽车的方向盘。

摄像头

这要是旁边人行道上出现一美女怎么办，看还是不看？？？

四、我国工程心理学的发展历史

20世纪30年代，清华大学开设了工业心理学课程，主要研究工厂里的工作环境和员工选拔。

50年代开始，中科院心理所和杭州大学在工程心理学上做了许多工作，主要讨论人对机器的适应。后因"文革"，工程心理学的研究被迫停止。

70年代后期，新发展，以工效学为主，多个单位先后成立了工效学或工程心理学的研究机构，其中杭州大学是第一个设立工程心理学专业的学校。

工效学是一个跨学科的领域，除了心理学，还有管理学、工程学等多个学科。

中国人类工效学会：1989年成立。

1991年 *Ergonomics* 杂志发表了中国人类工效学专辑。

1992年在我国召开了第二届泛太平洋工效学及职业安全国际学术会议。

第二章 工程心理学的研究方法

第一节 工程心理学的两种研究方法

科学研究的方法分为两大类：描述性研究和解释性研究。

一、描述性研究

描述性研究要描述事物或现象现有的状态，可以回答"是什么"的问题。

通过描述性研究，人们对事物的规律有了一定的了解，能够顺应这种规律来调整自己的行为。

例如，对于一年中天气变化的描述，我们可以发现天象与气候的关系，根据这种关系，人们就可以预测天气了。

俗话说，朝霞不出门，今天一定会下雨！

我说得真准！

二、解释性研究

解释性研究要对事物或现象发生的原因进行解释，也就是要回答"为什么"的问题。

只有知道事物或现象发生的原因，人们才能够进行控制。

例如，当我们知道天下雨是因为水蒸气的凝结之后，就可以通过改变凝结条件，实施人工增雨和人工消雨。

三、两种方法的关系

描述性研究是解释性研究的基础

人们往往从描述性研究收集的数据中获得灵感，提出解释某种现象的理论。但是要证明这种理论是否正确，则需要解释性研究。

解释性研究是对描述性研究的深入

通过探讨因果关系，确定理论模型的正确性，为如何改善工程设计，提高人机系统运行效率，增进系统安全，提高用户满意度提供指导意见。

工程心理学研究案例——飞机驾驶舱仪表的设计

飞机的驾驶舱十分复杂，其设计一直是工程心理学重点关注的问题。在过去几十年的时间里，飞机驾驶舱也发生了很大的变化。以波音777飞机操纵面位置的显示仪为例，在上世纪70-80年代，操作界面是这样的：

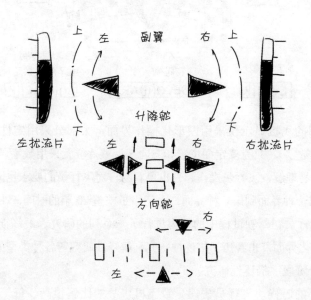

上图所示的界面比较难看懂，需要驾驶员对飞机和操作界面都非常熟悉，还得经过长期的训练，才能熟练使用。这对飞行员的要求很高。

到上世纪 90 年代以后，变成了这样的设计：

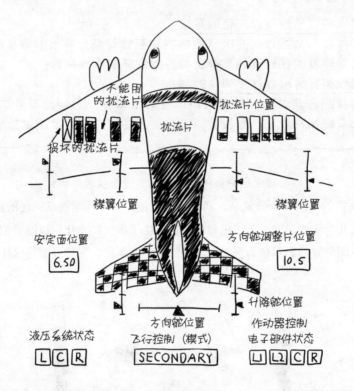

上图的飞机显示仪采用图形化操作界面，大部分采用定性显示（不显示具体数字），只有安定面位置和方向舵调整片位置采用数字显示。这个界面更容易理解，飞行员操作起来也更容易，对飞行员的要求也降低了。

从第一种界面到第二种界面，人们用了整整 20 年的时间。工程心理学家们对飞行员在驾驶过程中的行为进行了一系列的研究，最终推进了革命性的图形化界面，也经历了描述性研究到解释性研究等各种类型的研究。

第一阶段：描述性研究

早期的时候，飞行员失误导致飞机事故的比例很高。每一次飞机出事之后，都要对事故进行详细的调查，要分析飞行员出现失误的原因。工程心理学家认为，本质上没有人为的事故，因为人操作的失误都可以归于设计的缺陷没有能够防止人犯错。每一次事故都要分析是否存在设计上的缺陷。在分析事故的时候，人们采用的就是描述性研究方法。

1958 年 4 月某晚一架"子爵号"飞机在准备向普斯威克机场降落时，

机长将三针式高度计的 2500 英尺误读为 12500 英尺，结果飞机撞毁在地面上。调查发现，错看这种高度计而导致事故的还不止一起，很多飞行员都出现过类似的失误。那么为什么飞行员会误读高度计的数值？如何设计才能够避免这种错误的产生？

研究者首先对飞行员的操作行为进行观察和分析，发现飞行员在读高度计的时候速度较慢，认为是高度计的显示方式是导致飞行员操作失误的原因。

第二阶段：解释性研究

这是描述性研究得出的结果，为了验证这个结论是否正确，研究者需要进行实验研究。

研究者操纵不同的高度计显示方式，记录在不同显示方式下飞行员的判断速度和准确性，发现数字显示的高度计的表现都是最好的。于是，飞机驾驶舱开始抛弃三针式仪表，使用数字显示。这说明，解释性研究的结果可以用来操纵人的行为表现。

第三阶段：描述性研究

但后来人们逐渐发现，在实际飞行中，数字显示也不是最好用的，飞行员依然会出现各种基于仪表的决策失误，尤其是在紧急情况下的时候更容易出问题。但以前实验表明，数字显示的判读准确性和判读速度都是最快的，为什么实际效果依然不好呢？

这个高度计不容易读

赫金斯（Hutchins）对此进行了大量的研究。这时他仍然首先采用描述性研究的方法，但这次是对真实情景当中的整个任务群体进行观察描述，整体包括飞机驾驶舱、空中交通控制系统、导航系统等。赫金斯认为，要深入理解飞机驾驶员、控制人员与整个系统互动，就要进行观察，

他读高度计的时候似乎有点慢

而不能依靠实验室里对某个环节进行的模拟实验。

赫金斯对整个系统的工作流程进行了描述，注意到在整个过程中每一步信息在传递时都要经历在不同媒体上表征状态的转变，例如，飞行员会向控制系统用口头语言传递飞行请求，驾驶舱仪表用文字或者图式的方式向飞行员传递信息。

于是，赫金斯提出一种名为分布式认知的理论，这种理论认为应该把整个工作系统而不是单独的人看做一个认知系统，这个认知系统要能够顺利工作，就要不断进行个体内部表征（飞行员个体的记忆）和外部表征（如仪表传递的信息）之间的传播和转移。

为了在不同表征之间能够进行高效的转移，就要外部表征和内部表征之间能够有共同的部分。因此，在设计飞机仪表系统时，要重点考虑其表征方式与飞行员的内在表征方式一致。

数字显示的高度计，判读速度确实要快很多！

第四阶段：解释性研究

随后研究者再次进行解释性的研究（实验），发现指针式仪表和数字仪表其实各有千秋：数字式仪表能够快而准确地读出精确数字，但是却难以得知数值变化的方向。而在有些任务中，飞行员并不需要知道具体的数字，更需要对数字范围的判断。例如对油量的判断，飞行员得迅速看到当前油量的范围，而不需要具体的数字。指针式仪表虽然在判断数字的时候较困难，但对油量范围的判断却更快。

指针式油量计所提供的对油量范围的表征与任务要求的内部表征是一致的，飞行员在完成实际飞行任务时，指针油量指示会更加有效。以前的研究仅仅以准确率和速度作为判断标准，所提出的仪表设计原则其实并不适用真实的驾驶环境。

赫金斯提出内外表征的概念之后，人们开始大量研究如何采用图形化的呈现方式，因为这种方式的外在表征与内部表征的切合度更高。在这种思路的推动下，新一代的图像化飞机驾驶操作界面出现了。

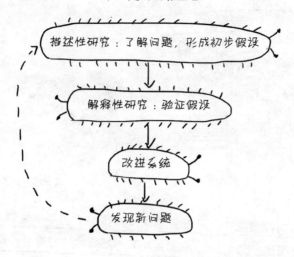

一个问题的研究过程

描述性研究：了解问题，形成初步假设

解释性研究：验证假设

改进系统

发现新问题

第二节　描述性研究方法

描述性研究包括观察研究法、调查研究法和相关研究法。

一、观察法

观察法：用自己的感官或工具去观察并记录某个对象。

科学观察：是有目的、有计划、系统的观察。

日常观察：往往是随机性的观察。

在制订观察研究计划时，研究者需要根据研究目的，确定测量的变量、观测和记录每一个变量的方法、在何种情况下进行观测、观测的时间框架等等，即研究提纲或观察表。

同样是观察汽车司机在开车的时候打电话，工程心理学的研究就可能观察这时司机的驾驶动作、车的行驶状态、道路情况、路标等，而家庭关系研究就可能观察他们会用电话交流什么事，在电话中如何争吵，等等。

分为：

自然条件下的观察和实验室的观察；

定性的观察和定量的观察。

自然条件下的观察 实验室的观察

在行为观察室中，被观察者明明知道那个镜子不是镜子，自己的行为是被观察、被记录的，但就是比有人站在旁边盯着要表现得更自然。

二、调查法

调查法是一种书面或口头回答问题的方式，可以通过这种办法了解被试的心理活动。

在路上被人拉住要求填写一份问卷，这就是调查法。

1. 调查问卷的设计

调查问卷由问题组成，问题有不同的类型，可以分为以下三个大类：

（1）开放性的问题，获得定性数据；

（2）选择题（包括单项选择、多项选择、排序选择），得到的是分类数据或者顺序数据；

（3）量表题目（常用5点量表和7点量表），获得的是等距数据。

通过调查问卷可以获得三类数据：

分类数据：反映事物类别的数据；

顺序数据：反映事物顺序的数据；

等距数据：反映事物大小的数据。

2. 问卷调查的主观性

问卷是一种主观汇报法，是由受测试者自己报告的，和客观数据可能不一致。

3. 问卷的信度和效度

信度：问卷的可靠性，即它是否可以稳定地反映某种心理特征的能力。

效度：问卷的有效性和准确性，也就是测量或研究达到目的的程度。

工程心理学使用问卷是否应该计算其信度和效度？

（1）使用前人经过标准化的成熟问卷，就能够直接得到前人已经给出的信度和效度的指标。

（2）自编问卷，如果是针对设计的研究，问卷发放的数量也不太多，有时候就不会去检查其信度和效度。但如果是基础研究或者是应用研究，那即使是自编问卷，也得需要信度和效度。

很多做人机交互的公司在使用自编问卷的时候，确实都没有检查问卷的信效度。

三、相关研究法

相关研究法主要探讨变量之间的关系。相关关系是指一个变量变化，另外一个变量也发生变化。

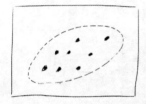
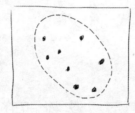
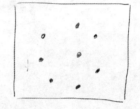

正相关：一个变量增长，另一个变量也跟着增长。

负相关：一个变量增长，另一个变量反而减少。

零相关：两个变量的增减无关。

两个变量之间相关的程度经常是用相关系数来衡量的，它的变化范围是 -1.0—$+1.0$，相关系数的绝对值越大，表明变量之间的相关程度越大，负数表示负相关，正数表示正相关。

相关与因果：相关表明两个变量之间有依赖，但不意味着就一定能有因果关系。因果关系要用解释性研究，也就是实验研究法。

田里的麦子变绿的时候，田边的小树也长出了新叶——麦子和小树变绿都是由于气候引起的，气候跟它们是因果关系，也使得麦子和小树之间表现为相关关系。

31

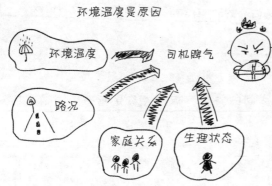

工作绩效是原因

动机　　　　　工作绩效

动机是原因

动机越高，工作绩效越高——动机与工作绩效相关既有可能动机是工作绩效的原因，但也可能相反，比如，工作绩效可能是动机高的原因，工作做得越好，相应的动力也就越强。

环境温度是原因

环境温度　　司机脾气

路况

家庭关系　　生理状态

天气炎热的时候，司机的脾气会比较暴躁——环境温度升高是影响司机脾气变坏的原因，两者的相关关系确实意味着是有因果关系。但除了环境温度，还有其他因素可能也会导致司机的脾气变化。

第三节　实验研究法

实验法主要通过操纵事物的特性及观察人的行为变化，探讨两者的因果关系。解释性研究主要就是采用实验法。

一、实验中的变量

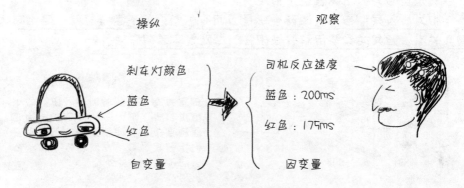

操纵　　　　　　　　观察

刹车灯颜色　　　　　司机反应速度

蓝色　　　　　　　　蓝色：200ms

红色　　　　　　　　红色：175ms

自变量　　　　　　　因变量

对于汽车刹车灯颜色的实验研究

1. 自变量:是指研究者主动操纵而引起因变量发生变化的因素或条件，因此自变量被看作是因变量发生变化的原因

在工程心理学里，自变量通常是系统或者环境的某个因素，因变量通常包括作业水平、工作负荷、喜好程度等。

系统绩效　　　　　系统安全　　　　　满意度

作业水平　　　　工作负荷　　　　喜好程度

2. 因变量:是因为自变量的变化而产生的现象变化或结果。因变量就是研究者要观察的现象

在心理学里，因变量肯定是被观察者（被试）所发生的变化，包括行为的变化、生理的变化以及口头报告的变化。

心理学因变量分类：

（1）客观指标:是旁人都能够观察到的现象，比如被观察者的动作、表情和反应的速度等。

（2）主观指标:是其他人（如实验者）只能通过被试的口头报告获得的信息，比如被观察者的想法、态度、意识。

心理活动　　　　　引起　　　外部表现

反应

客观指标和主观指标之间的关系

但有时候人们会掩饰自己，于是出现了主观和客观的不一致。所以研究者比较偏好客观指标做因变量，但有些无法用客观指标衡量的心理活动，还得采用主观指标。

这只小白鼠跑得很慢，可能这个迷宫太困难。

我今天心情不好，不想跑。

3. 无关变量：也称额外变量，指与自变量同时影响因变量的变化，但与研究目的无关的变量

在研究中要控制无关变量的影响，使其不能影响自变量的结果。有时候无关变量难以消除，或者研究者觉得其中一个无关变量也很重要，就可以将其纳入到自变量的范围，作为第二个自变量，变成双因素（即双自变量）实验设计。

例如，在白天使用红色的刹车灯，在黄昏使用蓝色的刹车灯，其刹车反应时虽然不同，但环境光线（白天、黄昏）也会造成两次反应时不一样，无法知道刹车时间的不同到底是由于灯光颜色还是环境光线造成的，对因果关系的探讨失败。

二、实验设计

1. 被试内设计和被试间设计——控制被试的个体差异

基本的控制思路是两种：随机化选择被试；采用同一批被试。

随机化选择被试，这需要采用被试间设计。要求每个被试（组）只接受一个自变量水平的处理，对另一被试（组）进行另一种自变量水平处理的实验设计。在这个过程中，要做到随机选择被试，通过随机化的选择让两组被试保持一致。

被试间这种方法对有些问题还可以，有些就不太适用。例如，对灯光的反应速度，虽然有的人反应速度本来就快，有的人本来就慢，但是差别不太大，通过随机化可以基本保证两组被试的特点一致。如果无关变量是被试的性格特征，那差别就太大，用随机化的方法，如果被试的数量不够多，也难以保持两组被试一致。

采用同一批被试，这是被试内设计。被试内设计是用同一组被试来做实验。每个或每组被试接受所有自变量水平的实验处理的真实验设计，又称"重复测量设计"。

这种方法可以消除个体差异，因为用的是同一个人，但是也出现了顺序效应、练习效应的问题。所以这种方法适合两个实验处理之间没有干扰的情况，比如灯光颜色对反应速度的影响，就可以采用这种方法来做，但是阅读的研究就很困难，因为前后两个任务会出现干扰。

还有一种思路，对两组被试在某些特征上进行一一匹配，例如在智商上匹配：

A组第一个被试的智商分数＝110 B组第一个被试的智商分数＝110

A组第二个被试的智商分数＝97 B组第二个被试的智商分数＝97

A组第三个被试的智商分数＝90 B组第三个被试的智商分数＝90

……

匹配程度最高的例子是采用双生子，因为双生子的各项特征都是很类似的，可以很好地解决个体差异问题。但是这种实验的被试太难找，不经济，在工程心理学的研究中很少采用。

2. 多因素实验设计

多因素实验设计，就是指实验中包括两个或两个以上因素（自变量），并且每个因素都有两个或两个以上的水平，各因素的各水平相互结合构成多种组合处理的一种实验设计。之所以使用多因素设计，是因为想考察多个自变量的交互影响。

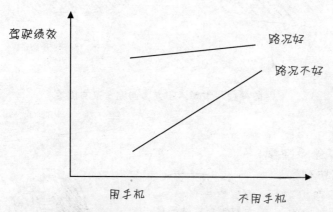

我们想考察在驾驶时用手机对驾驶绩效的影响，那自变量就是是否使用手机，但这也跟路况好坏有关，因此这个实验就有两个自变量，每个自变量分别有两个状态，组合起来就会产生四种条件。

两个因素可能出现交互作用。在路况好和不好两种情况下，使用手机的影响是不一样的；路况不好的时候，使用手机会严重降低驾驶效果，但在路况好的时候，使用手机不会严重降低驾驶效果。

3. 准实验设计

准实验研究也叫现场实验，它是在实际情境中研究自变量与因变量关系的方法。

特点：由于准实验是在实际工作环境中进行的，有许多条件无法控制，因此不如在实验室那么严谨。但在工程心理学中，准实验设计使用得很多。

第四节 神经人因学研究方法

一、神经人因学的含义

神经人因学就是研究工作中的大脑活动和行为，是神经科学在人因学中的应用。

1998 年，拉贾·帕拉苏罗(Raja Parasuraman)第一次使用了神经人因学 (Neuroergonomics) 的概念。

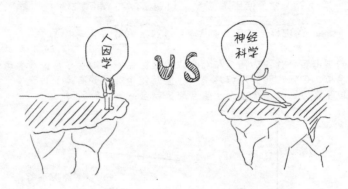

以前神经科学和人因学之间完全没有联系。

以前工程心理学家们在研究中观察：

外显行为，如肢体动作、反应时间；

主观报告，如喜好程度；

生理反应，如心跳、皮肤电阻等。

现在，神经人因学可以探讨人的行为与大脑活动的关系。

优点：有一些人们不会通过行为表示出来，或者自己也无法意识到的加工过程，通过分析脑部的活动，研究者可以发现一些新的规律。

二、神经人因学的方法

1. EEG(Electroencephalography)

EEG 是记录贴在头皮的有效电极和贴在头皮或身体其他地方的参考电极之间的电压。

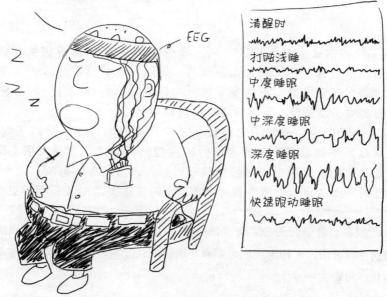

中度睡眠时的 EEG

EEG

清醒时

打盹浅睡

中度睡眠

中深度睡眠

深度睡眠

快速眼动睡眠

EEG 反映了大脑活动的基本情况，EEG 信号改变意味着大脑跟心理活动的改变有关，例如从清醒状态到昏睡状态，EEG 会发现变化。因此，EEG 通常用来研究人因学中关于疲劳、警戒的问题，人们运用 EEG 对心理努力或疲劳相关的改变进行自动探测。

2. 事件相关电位 (Event-related potentials, ERP)

ERP 指的是脑对特定的感觉、运动与认知事件的神经反应。

通过记录人类被试头皮的脑电图（EEG），并将在时间上同特定事件锁定的 EEG 分段信号平均，就可以得到 ERP。

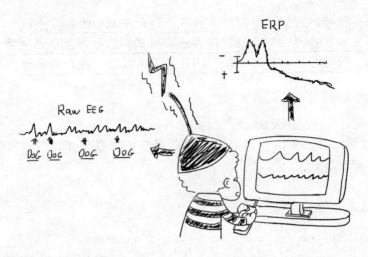

ERP 的信号来自于 EEG，叫"事件相关电位"，就是把某个事件（比如听到一个声音）产生的电位提出来，但这种电位通常非常小，淹没在噪音中。于是研究者通过不断重复这一个事件（比如 60 次），经过叠加，随机产生的噪音变成 0，事件相关电位就能看到了。

ERP 在工程心理学中主要用于：工作负荷的评估，警戒下降机制的评价以及人—机系统中操作者疲劳的监控。其他方面包括使用 ERP 考察应激源、自动化以及在线自适应辅助对操作人员绩效的影响。

目前为止工程心理学中最多的 ERP 研究是关于心理负荷评估的问题。

很多心理负荷的 ERP 研究都考察 P3 或 P300 成分。P300 的特点为缓慢的正向波形，平均潜伏期为刺激开始后 300ms 左右，但根据刺激复杂度和其他因素有所变化。

例如，用于诱发 P300 的典型 oddball 范式中，两个不同的知觉或概念类别刺激（例如红色和绿色，低音调和高音调，名词和动词）以不同概率随机呈现。以低概率呈现的刺激（比如 20%）会诱发一个比高概率呈现的刺激（比如 80%）更大的 P300。例如，红色 240 次（80%），绿色 60 次（20%）。

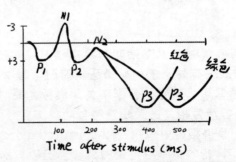

P300 还可以用于测谎：

给被试看很多照片，大部分是无关照片，其中有几个是跟犯罪案件有关的（比如失窃物品、地点等），只要被测者识别出这些照片，就会诱发 P300，被测者根本没法控制！当然了，如果犯罪嫌疑人自己都不记得，这些跟犯罪有关的照片就和其他大量的照片一样，自然也就不会诱发 P300。

P300 被认为与知觉或归类的晚期过程有关，而且 P300 对检测和识别噪音中掩蔽目标的不确定程度也很敏感，与任务分配的注意资源量成比例关系，因此在双任务状态中辨别目标夺取了加工资源会导致 P300 波幅的减小。

例如，研究者将声音与视觉监控任务相配对，操纵了知觉难度（在模拟的空中交通管制任务中监控四个或八个飞行器），发现 P300 的波幅随难度增加而减小。

但现在 ERP 的神经人因学应用还很少，因为 ERP 的采集比较麻烦，便携性差，难以应用到工程心理学的研究中。

例如，由于要采集头部电位变化，通常需要贴电极，还需要用盐水和导电膏来促进电信号的传递，做一次实验得洗两次头——实验前一次，要洗掉头皮油垢，实验后一次，要洗掉导电膏或盐水。以前的 ERP 实验还需要建屏蔽室，现在仪器进步了，对环境的要求有所下降。随着技术的进一步发展，基于 ERP 的人因学研究将有更大的用武之地。

3. 功能性磁共振成像（functional Magnetic Resonance Imaging, fMRI）

fMRI 是一种脑成像技术，即利用磁共振成像生成反映脑血流变化的图像。它能对特定的大脑活动的皮层区域进行准确、可靠的定位，空间分辨率达到 2mm。工程心理学里用 fMRI 来研究在特定的人机活动中，人的脑部活动情况。

用 fMRI 来来评估人们在驾驶时脑活动的变化

研究者通过 fMRI 的研究，发现了大脑中一些在驾驶时激活持续增加或减少、暂时增加或逐渐减少的区域，也发现警觉水平和错误监控或者抑制过程的两个成分与驾驶速度显著相关，由此为模拟驾驶行为和大脑激活模式建立模型，有助于人们了解驾驶这种复杂的人类行为。

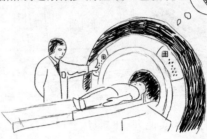

加斯特（M.Just）等人在 2008 年第一次使用脑成像记录了"听"能够降低与驾驶有关的脑部活动，这能够导致驾驶员偏离路线。开免提或者是语音拨号并不能降低驾驶员的分心。

实验设计：29 名驾驶员在 fMRI 仪器中使用模拟驾驶，他们在一个虚拟道路上以固定的较快的速度开车，有两种情况，第一种情况下他们没有被打扰，第二种情况他们要判断所听到的一个句子是真还是假。

行为测量的数据结果：

1. 平均驾驶错误（撞到护栏）有显著差异

   独自驾驶 8.7(SD=9.7)　　边听边驾驶 12.8(SD=11.6)

2. 偏离道路有显著差异

   独自驾驶 2.48(SD=0.51)　　边听边驾驶 2.64(SD=0.56)

A 图：正常驾驶减去边听边驾驶

B图：边听边驾驶减去正常驾驶

结果表明，在没有被打扰的驾驶任务中，顶叶和空间处理的脑部活动减少了37%。这些区域是对感觉信息进行整合，对空间知觉和导航非常重要。同时，在处理视觉信息的视觉中枢激活也减少了。

"驾驶员不仅要将手放在方向盘上，还要将脑子放在路上。" ——马修·加斯特

4. 眼动技术
眼动技术：用仪器记录人的眼睛注视位置的变化。

例如，费茨（Fitts）在1950年就分析了飞行员在飞机着陆时的眼动特征，结果发现飞行员注视某个仪表盘的频率取决于该仪表盘对于正在执行的飞行动作的重要程度，而每次注视的时间则取决于从该仪表获取信息的难易程度，仪表盘的布局应使得个体的注意可以轻松地在不同仪表间进行切换。

通过精心的实验设计获得的这些信息为理解飞行专家和新手的绩效差异奠定了基础，也为改进驾驶舱的设计提供了依据。

眼动技术在网页设计和广告设计中也有广泛应用，通过眼动仪了解用户究竟注视网页上的哪一部分内容，以便改进网页设计。

这是一张网页浏览眼动图，可以看到，用户的注意力主要集中在一个 F 形的区域。现在，网站知道应该怎么安排重要内容了吧，而且还可以根据这个研究结果来制定一个网页不同区域的广告价格表！

广告到底有没有效果？眼动技术告诉你！看，人们到底有没有注视图片上的"手表"呢？

　　如今，复杂的眼动追踪系统已极为常见，它们价格低廉，易于使用，且大多是便携式的。目前眼动在人因学中的应用研究包括：识别人机界面设计的缺陷，描绘特定任务中专家和新手的差异，或者揭示导致过失的原因。这些知识可以用于制定对应的人因学干预方案，如对显示设备的重新设计或开发训练程序。

第三章　人的信息加工

第一节　人的信息加工概述

工程心理学家要知道机器的操作界面如何设计最合理，就必须要知道人的心理和行为如何受到设计界面的影响，知道人是如何加工界面所提供的信息，也就是了解人的信息加工。

为什么人们总是犯这类错误？操作界面的设计到底给人哪些误导？人是如何理解界面所提供的信息的？

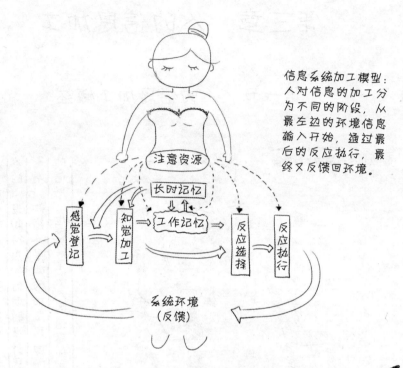

信息系统加工模型: 人对信息的加工分为不同的阶段, 从最左边的环境信息输入开始, 通过最后的反应执行, 最终又反馈回环境。

工程心理学就是依照这个模型来分析人机系统的工作过程。

人接收到红灯的光线刺激, 经过一系列的认知加工, 最终做出"踩刹车"的动作反应。通过这样的方式对周围的各种信息不断做出反应, 以适应环境的变化。

这是一个环状系统, 人不断从环境接收信息, 并不断向环境输出信息, 两者交互作用。

第二节　感觉

感觉：是外界刺激转换为心理感受的过程。包括视觉、听觉、触觉、痛觉、温度觉等，其中，视觉是人们获得环境信息的主要途径，其次是听觉。绝大部分的机器通过视觉和听觉向用户传递信息的。

人首先要通过感觉器官获得关于周围环境的各种信息，才能进行加工并做出反应。如果感觉信息接受不准确，人随后的反应就会失误。例如，如果在昏暗的光线条件下，驾驶员没看清路况或者路标，就会出事故。

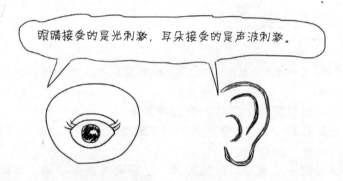

眼睛接受的是光刺激，耳朵接受的是声波刺激。

　　4D 电影：就是将震动、吹风、喷水、烟雾、气泡、气味、布景、人物表演等特技效果引入 3D（即立体电影）影片中。从工程心理学的角度来说，就是将人所接受的电影信息从视觉和听觉，扩展到触觉、温度觉，以让人获得"真实自然"的感觉。

一、视觉

（1）视觉的适宜刺激：波长在 380 — 780 纳米的电磁波，称为可见波。

工程心理学研究如何使工具和环境更好地提高人们的工作效率，经常要做实验来探讨"哪种光线条件下最有利于工作绩效"，因此首先需要知道如何测量光的明亮程度。

光的强度通常用光通量来衡量，光通量越大，光线越强。

在工程心理学中的应用：例如，在设计汽车刹车灯的时候，设计者需要考虑到底需要多大强度的光？太弱了，人看不见；太强了，又浪费能源。好在大多数设备的光强都经过长期的实验，已经有了相应的标准。

(2) 视觉感受器：眼睛，包括晶状体和视网膜。

① 晶状体：晶状体的作用是将光线聚焦到眼球后部的视网膜上，根据物体的远近，需要由睫状肌来调节晶状体的曲度。

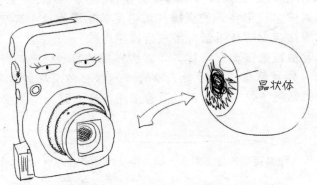

晶状体就像照相机的镜头，伸缩调节，就可以对焦。

晶状体的调节需要一定的时间，也就是说，当人的视线从远处转向近处或者由近转远的时候，需要一点时间才能重新聚焦。在进行产品设计时，需要考虑人的这一特点。

如果要设计一个汽车导航的装置，就要考虑这个问题：驾驶员的视线从前方远处的景物转移到车内近处的物体，或者反过来从近到远，都需要一点时间来调焦，因此会影响完成任务的反应时间。

人老了之后，不仅晶状体的调节能力下降，晶状体的透明度也会下降，变得混浊，阻碍光线进入眼球。有很多书画艺术家到了老年，对颜色的辨别就出了问题，画出来的东西怪怪的，其实就是晶状体出现问题的结果。

如果是一个纺织厂里从事布料配色的工作人员，眼睛的晶状体特别需要注意保护，否则就可能出现生产失误！

选择能够正确识别颜色的人来从事配色工作，这就是工程心理学里的人才选拔和培训。

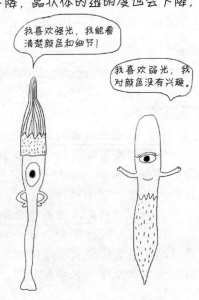

我喜欢强光，我能看清楚颜色和细节！

我喜欢弱光，我对颜色没有兴趣。

② 视网膜：视网膜是将光线转换成电神经冲动，这个工作主要是由视网膜上的棒体细胞和锥体细胞完成的。

棒体细胞主要在弱光下工作，对弱光有高度的感受性，但它不能感受颜色，也不能辨别物体的细节。

锥体细胞主要在强光下工作，不仅能在强光下发生作用，并且能产生色觉，辨别细节。

锥体细胞和棒体细胞对不同波长的光的感受能力也不一样，例如，锥体细胞对红光比较敏感，而棒体细胞对黄绿色和蓝色的光更敏感。也就是说，在白天，红色光比蓝色光更容易察觉，但是到了晚上，蓝色光就比红色光更容易察觉了。马路上工作的人都穿黄色的背心，是因为锥体细胞对黄色的光最敏感。

那就是说，如果要设计晚上使用的警示灯，用蓝色光比用红色光更容易被察觉。

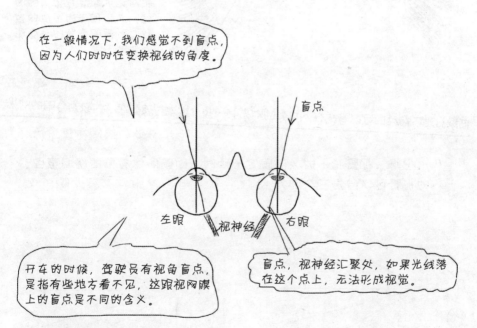

在一般情况下，我们感觉不到盲点，因为人们时时在变换视线的角度。

盲点

左眼　视神经　右眼

开车的时候，驾驶员有视角盲点，是指有些地方看不见，这跟视网膜上的盲点是不同的含义。

盲点，视神经汇聚处，如果光线落在这个点上，无法形成视觉。

（3）视觉适应

① 暗适应：当人们从明亮的环境转入到黑暗的环境时，开始时视觉感受性很低，然后逐渐升高的过程。一个完全的暗适应过程约需30分钟以上。

视觉适应时间长短取决于两种环境的亮度比。

47

② 明适应：当人从黑暗环境转入光亮环境时，眼睛感受性降低的过程，称为明适应。人眼的光适应完成很快，大约需要一分钟。

当亮光只射入到视网膜的一小部分时，整个视网膜都进入光适应状态。这就是为什么有时尽管眩光只照到我们的余光，我们眼睛也很难看清眼睛中心比较暗的物体。

司机从阳光明媚的户外开车进入黑乎乎的地下车库时，就会经历一个暗适应的过程，在暗适应完成之前，司机无法看清地下车库中的物体；相反，当司机从地下车库开出来的时候，又会经历明适应的过程，对周围事物的感受能力暂时下降。

在设计地下车库时可以考虑在入口处的灯光强一些，逐渐过渡到车库内较为昏暗的灯光。

(4) 视野：视野指人的头部固定不动时，眼睛所能看见的空间范围。

人的视野可以分为三个部分：

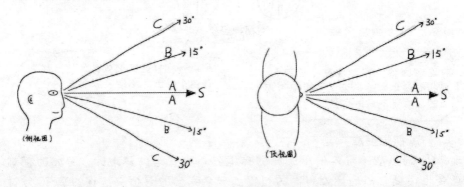

上面分别是一个人的侧面图和头顶图。

A区：最佳视野区，人的眼睛看这个区域内的东西可看得特别清晰，被称为内视野区或最佳视力区；

　　B区：中视野区，在这一区域东西开始变得模糊起来，但人的眼睛可以发觉这一区域的运动目标和比较明显的目标；

　　C区：外视野区，指中视野区以外直到眼睛受到头部遮掩的地区，人眼对外视野区内的物体很不敏感。

　　在设计操作面板的时候，设计者一般要把最常用的仪表放在内视野区，不太重要的则放在中视野区甚至外视野区。

　　(5) 颜色知觉

　　光波的波长决定颜色的色调，从长波的红到短波的蓝紫色，中间有橙、黄、绿、蓝等色彩。在较强的光线下，人眼靠锥体细胞的作用分辨颜色。

　　<u>颜色是工程设计中常用</u>的编码方式之一，如：交通信号灯用红色代表停，绿色代表行。

　　颜色编码有一定的限制，人们在昏暗的灯光下难以辨别颜色，而且人群中还有少部分人有色觉缺陷，就是我们常说的色盲和色弱。

　　在工程设计中，一般先做单色设计，就是不用颜色也能区分不同的信息，然后再用颜色来做为冗余（多维度）编码信息。例如对交通信号灯来说，位置也能够区分不同的灯，最上面的是红灯，中间是黄灯，下面是绿灯。

二、听觉

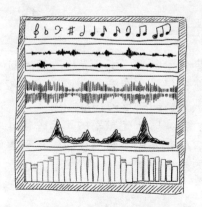

听觉的适宜刺激是20—20000赫兹的空气振动，这种空气振动称为声波。小于20赫兹的次声、大于20000赫兹的超声人们都听不到。

只有年轻人能听到的铃声：人的听力频率范围是 20 — 20000Hz，但是由于成年人在听觉上长久的劳损，很多人到中年以后开始丧失对高频率声音的听觉能力。于是有些年轻人用高频声音来作为手机的铃声（这种铃声大概在 18000Hz 左右），这种铃声就只有年轻人才能听到，而老年人无法听到。也有些商家在门口播放这种声音的噪音，用以驱赶聚集在商店门口无所事事、随时可能惹是生非的年轻人。

(1) 听觉的特性

音调：由声波的频率决定，即每秒的振动次数，频率越高，人感觉音调越高。

响度：由声波的振幅决定，振幅越大，人感觉声音越响。

音色：由声波的波形决定的。我们平常听到的声音大多是多种声波混合出来的，参与混合的声波的性质决定了最终的波形。

响度由振幅决定，但是跟频率也有关系。

(2) 听觉的适应：在声音作用以后，听感受性有短时间的降低。

跟视觉的适应比较，听觉的适应所需要的时间显得很短，几乎立刻就恢复，因此在日常生活中很少觉察到听觉的适应现象。

听觉的适应带有选择性。如果以一定频率的声音作用于听觉器官，那么，它将不是同样地降低对其他频率的声音感受性，而只是降低对该频率以及同它相邻的频率的声音的感受性。

（3）听觉的疲劳：发生在声音较长时间（如数小时）连续作用后，听觉感受性的显著降低。

这种降低和适应不同，它在声音停止作用后还保持较长一个时间。当同样疲劳性刺激积年累月发生时，就会引起职业性听力降低或耳聋。

例如，在纺织厂内工作的员工，长期处于高噪音的工作环境中，基本都会出现听力损伤的情况。有的纺织厂的噪音甚至会影响周围居民的日常生活。因此，现在对纺织厂的厂房选址、设计、设备安装都有一定的要求，以降低生产过程中的噪音。

（4）声音掩蔽现象

如果两个声音同时到达人耳，而且两个声音的强度相差较大，就只能感受到其中一个声音，这种现象叫掩蔽现象。

声音的掩蔽现象在通信工程和军事、生产活动中有很大的实用价值，所以近年来受到工程设计者的注意。

那为什么不直接买个噪音大点的空调？——不行，这样无法控制掩蔽噪音的大小，可能达不到效果。

在开放性的办公室里，最容易引起注意的不是各种设备或者窗外交通的声音，而是旁边同事交谈的语音。这种环境中的人声不仅对工作效率有极大的干扰，也无法创造一个相对私密的环境。

因此，有些工作场合采用掩蔽音的方法来进行处理，即在工作场合播放一种比较低、类似于空调噪音的背景，用以掩盖说话的声音，为员工创造一个相对较为私密的工作环境。

三、心理物理法和信号检测论

心理物理法探讨刺激和感觉之间的关系。

例如：

仪器盘上的指示灯应该用多大强度的光线才能让人注意到？

想要做一个比其他指示灯都亮的警戒灯，需要多大的强度？

环境温度升高，人的感觉有什么变化？

研究物理刺激和心理感觉之间关系的方法有两种：传统心理物理法和现代的信号检测论。

物理刺激的强度：灯泡是多少瓦的？

物理刺激法

心理感受：灯光有多亮？

1. 传统心理物理法

心理物理法：对刺激和感觉（或感觉反应）之间关系的数量化研究。

心理物理法主要讨论四个方面的问题：

① 刺激量的值在达到多大才能引起感觉或感觉反应；这个刺激的值就是我们通常说的绝对感觉阈限。

② 一个阈上刺激呈现以后，它的强度要改变多少才能被人觉察到，这个强度的差值就是通常说的差别感觉阈限。

③ 如何才能使一个刺激产生的感觉和另一个刺激相等。

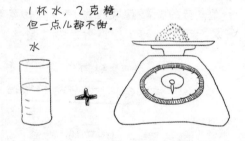

1 杯水，2 克糖，但一点儿都不甜。

水

这是因为糖的浓度还没有达到甜味的绝对感觉阈限。

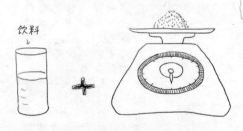

饮料

往饮料里加了 2 克糖，刚刚能感觉到甜味。

糖的浓度增加了，而且人们能喝出差别，这就是差别感觉阈限。

例如：如果要让一个40分贝、2000Hz 的声音听起来和一个35分贝的声音一样响，这个35分贝声音的频率应该是多少赫兹？

一斤铁块和一斤棉花的重量感觉一样吗？

实际重量增加了，感觉重量增加了多少？

④ 随着刺激大小的改变，感觉或感觉反应会有什么变化，即描述物理量和心理量的关系。

书伯定律：引起差别感觉的刺激随着原刺激的增大而变大，并且表现出一定的规律，用公式表示：ΔI(差别阈限)/I(标准刺激强度)=k(常数/书伯分数)。

搬一斤重的东西，增加10克，人就能感觉到更沉了。

搬两斤重的东西，增加10克，人们也感觉不到差别，可能得到20克才能感觉到。

K（韦伯常数）=10克/500克=20克/1000克

费希纳定律：费希纳定律是在韦伯定律的基础上，把最小可觉差（连续的差别阈限）作为感觉量的单位，即每增加一个差别阈限，心理量增加一个单位，这样可推导出如下公式：S=KlgI。S=心理感觉，I=刺激的物理量，K=常数。

从下图中可以看出，感觉量的增加落后于物理量的增加。例如，灯光的强度增加一倍，人们感觉到的亮度增加不到一倍。

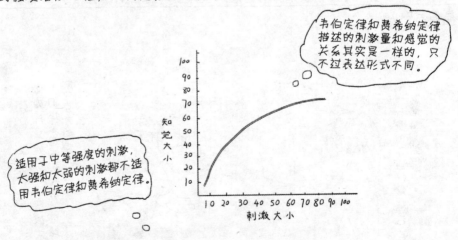

韦伯定律和费希纳定律描述的刺激量和感觉的关系其实是一样的，只不过表达形式不同。

适用于中等强度的刺激，太强和太弱的刺激都不适用韦伯定律和费希纳定律。

2. 信号检测论

① 信号检测论将阈限的概念分为辨别力和判断标准

人的感觉具有不确定性，尤其在接近感觉阈限的事件，人的非感觉因素如动机、期望、态度等对阈限的估计产生影响，影响被试的判断标准，很难通过训练进行消除。然而传统心理物理法并没有把判断标准考虑进去。

例如，在感觉阈限附近，人们对一个声音的感觉很模糊，这时候如果任务的要求是"绝对不能漏报"，人会尽可能把模糊感觉报告为有声音；但如果任务的要求是"不能错报"，人就会把这种模糊的感觉报告为没有声音。这就是判断标准不同。

口头报告

这就是判断标准不同！

辨别力：分辨刺激的能力；
判断标准：知觉者做出判断所依据的标准。

辨别力很强的情况下，判断标准其实对感觉没有太大的影响；但辨别力如果不够，那就得依靠判断标准来做出选择。

例如，如果人对一个声音听得非常清楚，这时候即使任务要求是"绝对不能错报"，依然会报告有信号。但如果对声音听得不够清楚，就要衡量一下到底错报和漏报哪一个更糟糕，以此来确定自己的判断标准。判断标准，就是"宁可错杀一千，不能放过一个"和"宁可放过一千，不能错杀一个"的区别。

②击中率和虚报率

辨别力和判断标准是根据击中率和虚报率来计算的。

<u>击中率</u>：被试正确觉察到信号与信号总数量的比值叫作"击中率"；

<u>虚报率</u>：把没有信号呈现而被误以为有信号呈现的情况与无信号总数的比率叫作"虚报率"。

根据刺激是信号还是噪音，被试的反应是有还是无，可以分为四种情形：

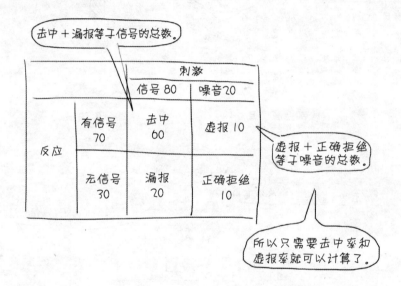

击中＋漏报等于信号的总数。

		刺激	
		信号 80	噪音 20
反应	有信号 70	击中 60	虚报 10
	无信号 30	漏报 20	正确拒绝 10

虚报＋正确拒绝等于噪音的总数。

所以只需要击中率和虚报率就可以计算了。

奖励会影响被试的判断标准，从而使其击中率提高，但相应的虚报率也提高了。

信号检测论与传统心理物理法的区别：传统心理物理法忽略虚报率，只依靠击中率来确定感觉阈限，但信号检测论兼顾击中率和虚报率，使结果更能反映人真实的加工过程。

③辨别力和判断标准的计算

噪音和信号的正态分布：对同一个信号，人们有时候觉得强，有时候觉得弱，总体上可以假设为一个正态分布。同样，噪音有时强，有时弱，也可以假设为正态分布。

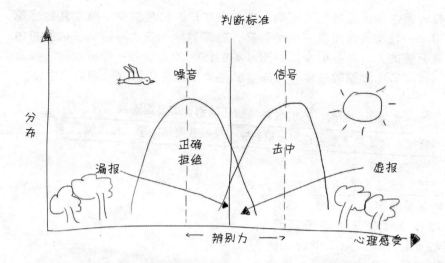

辨别力：两个正态分布间的距离。

距离越大，表示信号和噪音引起的心理感受差别越大，距离越小，表明信号和噪音的心理感受差别小，被试不容易区分。

判断标准：在图上表现判断标准的线左右移动。

判断标准线的移动会导致漏报率和虚报的面积就会发生改变。判断标准会随着任务的要求而变化。

所以，根据击中和虚报的比率，可以计算出辨别力（d'）和判断标准（β）的数值。

④ 影响判断标准的因素

信号概率：信号出现概率大，判断标准低；信号出现概率小，判断标准高。

在战争时期，敌军飞机来袭的情况比较多，信号出现的概率大，操作员更倾向于将雷达上的光点判断为飞机；

在和平时期，敌军飞机很少，信号出现的概率小，更倾向于将雷达上的光点判断为噪音（例如可能是一只鸟，或者仪器不够稳定等等）。

有时候信号出现的概率很低，例如在工厂产品检测中，残次品的出现概率很小，检测员的反应标准比较高，就可能导致击中率降低。但漏报的后果是严重的，为了降低反应标准，有时候会故意混入一些残次品，提高信号（残次品）出现的概率，从而降低检测员的反应标准，提高击中率。

修高速路的时候，人们会将特别直特别长的高速路故意修出几个弯道，就是为了避免路况一直不变，导致驾驶员的警戒性降低。

奖惩：奖惩会影响判断标准。

如果是重要信号绝对不能漏过，就要对操作者的击中给予高奖励，漏报给予高惩罚，从而使得他的判断标准降低，击中率提高，但同时也提高了虚报率；

如果要尽量避免误报，那么就要给误报以高惩罚，提高操作者的判断标准，从而降低误报率，但同时也降低了击中率。

在辨别力不变的情况下，击中率增加，虚报率也会增加，相应的漏报率会减少。

不同的任务情景，奖惩标准会不同。

对工厂的质量检测员来说，漏报会导致非常严重的后果，因此就要求对残次品的击中率很高，同时也会造成对合格产品的虚报，不过合格产品的虚报并不会造成太大的经济损失，因此质量检测会要求的判断标准很高。

但对于地震预测来说就是一个两难的选择，漏报了，会造成巨大的损失；但如果虚报了，一座城市进入避震状态也需要付出巨大的经济代价。这时，最好的解决办法就是尽可能提高辨别力。

医疗诊断也是如此，漏诊的后果很严重，误诊则会让病人接受错误的治疗,后果也不堪设想。

3.ROC曲线（操作者特征曲线）

定义：把被试击中和虚报的反应概率画到一张图上，就构成了接受者操作特点曲线。通常是以虚报概率为横轴，击中概率为纵轴所组成的坐标图。

对于一个特定的任务来说，同一个被试的感受力是稳定的，然而随着噪音与信号的呈现比率的变化，被试的判断标准也会发生相应的改变，影响他的击中和虚报的反应率。ROC曲线代表的是同一感受性，但是判断标准不同的情况。

ROC曲线图的特征：<u>如果辨别力越高，曲线的凸点就会越接近左上角；如果辨别力越低，就越接近对角线。</u>

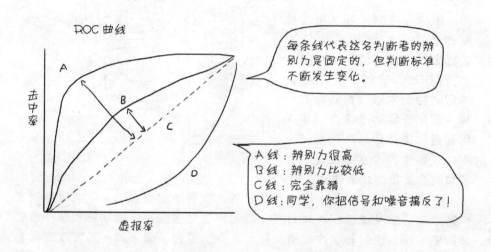

4.信号检测论在工程心理学中的应用

人在操作机器的时候需要不断根据环境信息来调整自己的操作行为，出现操作错误往往是对环境信息做出了错误的判断。那么，怎样才能提高判断的准确性呢？信号检测论能够对此做出解释。

（1）警戒

警戒任务：操作者需要长时间监测信号，而信号往往是间歇出现、不可预料的，而且数量较少，例如雷达监视者、机场安检员等。

根据正确检测目标的数量来表示警戒绩效，实质上就是用击中率来评估信号检测任务的绩效，我们已经知道这是不全面的，很可能导致我们认为检测员的敏感性下降，而实际上可能是检测员的判断标准发生变化，因此，应该采用信号检测法来测量。事实上，研究也确实表明，警戒状态出现衰减，可能是由于敏感性下降（d'），也可能是因为判断标准更加保守（β更高）。

> 老师改卷子也是这样，开始的时候手紧，分给得低，后来手越来越松，分越来越高。判断标准在变化。

(2) 工业检验

工业生产中，质量检查员要检查大量产品中可能出现的质量问题。实质上也是一种警戒任务。

用信号检测论可以对质检员的击中率、误报率和ROC来标定，计算出他们的判断标准。从ROC曲线上可以看出不同的检测方法，判断力不一样，因此最好的改进办法是采用敏感性更强的检测仪器，而不仅仅是依靠改变质检员的工资和奖金来提高检测效果。

某市地铁公司准备引进一套国外的人脸自动识别系统，可以对地铁各个站点的监控录像进行实时判断，确定是否有通缉犯在地铁中出现。但在试用中发现，国外与国内的情况差异巨大，监控录像上的人流密度完全不同。国内的地铁上密密麻麻全是人头，直接导致该系统频频出现误报，报警声在控制室里不绝于耳。如何解决这个问题？可以提高机器的判断标准，也可以开发新的计算方法，使得人脸的识别和匹配在这种高密度的人流情况下正确率更高。

(3) 司法领域

主要用于目击证人证词的采信。谁能保证目击证人就一定能从一群嫌疑犯中正确认出罪犯呢？

信号检测论不仅用于感觉判断，也可以用于更高级的心理过程，例如记忆。对于呈现的刺激，可以分为以前没有见过的（噪声）和以前见过的（信号），人们在判断这个刺激是否见过的时候，也会有辨别力和判断标准两个指标。

大量的研究表明，目击证人对面孔的再认是非常差的，一点点线索就会影响他们的判断标准。例如，如果见到其中一个嫌疑人与其他嫌疑人在外观上有很大的不同，他们可能会倾向于选择这个嫌疑人。

不公平！他根本就分不出我和其他人！

为了尽可能地降低外在线索对反应倾向的影响，研究者提出了一些方法，例如，让目击证人看一组没有包含嫌疑犯的队列，证人无法指认嫌疑犯之后，再让他们看有嫌疑犯的证人队列，这样可以提高证人的指认正确度。

第三节 注意

一、注意

1. 选择性注意

选择性注意就是眼球在环境中不断扫视，直到搜索到自己所需要的信息，然后停下来，进一步加工。

人的视野中只有一小块能知觉到细节，因此为了仔细看视觉对象，眼球要进行运动，例如扫视。扫视有跳动和固视两种，扫视是从一个目标跳到另一个目标，固视是停留在重点区域，通常用停留的时间长短来说明。

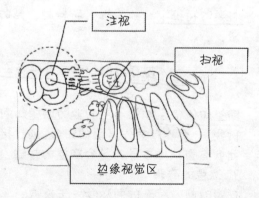

注视

扫视

边缘视觉区

在复杂的人机系统如飞机中，驾驶控制台上往往有成千上万的信息显示器。然而人的能力有限，很难提取每个显示的信息，操作者要能够从多种信息源中最有效地选择所需要的信息。

扫视直到发现目标，最典型的例子就是校对，要不断扫视。

一个关于搜索的实验：

让被试在下图中搜索，目标有三种：1. 白色 X；2. 大 T；3. 黑色目标。

实验发现，如果搜索的是字母，被搜索  的项目越多，搜索时间就越长，因为人们的 搜索是序列进行的；但当搜索的维度是颜色 时，背景有多少个项目对搜索时间没有影响， 这时候的搜索是平行搜索。研究者还发现， 字母的距离并不影响搜索的时间。

这个实验说明，如果要做一个报警器，那么最好是 颜色要突出，比如红色，这样人们可以一眼看到。

2. 影响选择性注意的因素

具有哪些特征的刺激容易被注意到？

刺激的特征：一般来说，新异的、亮的、闪动的、变化的刺激容易引 起注意。

环卫工人都穿着鲜绿或者鲜橙色的服装，还带反光的。

期望和价值：知觉者对刺激的期望和刺激对知觉者的价值。

例如，一个人在操作界面的时候，预计接下来应该出现"确定"的按钮， 于是就会有意识地去寻找符合期望的按钮。

3. 注意的转移

在短时间内对新的刺激物发生反应。

对于有些工作，注意转移就特别重要。如飞行员、汽车司机和火车司 机等必须有较好的注意转移能力，能够迅速注意到前方出现的紧急情况并 进行处理。

如何设计机器和系统，才能让用户的注意力正确转移到需要注意的事物上？

4. 注意的分配

注意被分配到多个任务中。

如果一个工作特别熟练，只需要占用少量的注意资源，那么就可以将剩下的注意资源分配到其他任务上。例如，我们能够一边走路一边聊天，这两种活动所以能顺利地同时进行，就是因为走路已经达到了自动化，只要给予少量注意资源就可以了。

全部心理资源
一般情况下可以两件事情同时做

全部心理资源
紧急情况下开车需要的心理资源更多

有些司机会在开车的时候打手机，这也是因为他们开车的动作已经相当熟练，耗费的心理资源少，可以腾出资源去打电话。但是驾驶汽车随时会遇到突发情况，而对突发情况的处理需要大量的心理资源，这时很可能就导致无法及时处理紧急情况而陷入危险。您不可能知道何时有突发情况，所以，开车请不要打电话。

5. 注意在工程心理学中的应用

航班信息显示屏上，航班信息应如何呈现才能引起乘客的注意？

屏幕上的菜单如何设计才能让用户以最快的速度搜索到他们想要的信息？

这两种任务都是结构化搜索，也就是人们会按照一个系统化的顺序对每一类项目进行搜索。例如，在一个3×3的字母排列中，人们按照序列位置的顺序搜索，发现目标的平均时间在第5个字母上。因此，菜单设计者要考虑用户这种搜索的特点，将经常使用的菜单选项放在菜单的顶端。工程心理学家们还发现，每个菜单的最佳选项是3—10个。

二、知觉

经过注意选择的刺激就进入知觉加工，知觉的过程主要是提取信息的意义。

大多数时候，知觉加工是在注意下进行的，但有时候，提取意义是自动化的过程。

例如"鸡尾酒效应"就是在鸡尾酒会上，即使没有注意到，但也能意识到旁边的人在谈话中提到你的名字。

1. 知觉有三种加工过程

自下而上的特征分析：分析刺激的特征，如颜色、形状、大小、位置。

整合：将成组的特征整合到一起。

自上而下的加工：通过猜测刺激是什么，来识别它们的物理特征，这种猜测以期望为基础。

通常这三个过程是同时进行的。

如何识别下图中被污点挡住的词？

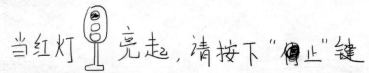

当红灯🚦亮起，请按下"停止"键

根据偶尔可见的笔画来判断，叫自下而上的加工，又叫数据驱动的加工；

根据整句话的意思来猜测，叫自上而下的加工，又叫概念驱动的加工。

信息加工就像拼图，自下而上的加工就像事先没有示意图的拼图，拼图者事先不知道要拼出的图像是什么，只能依靠各个拼图的特点来拼接。如果某个小块颜色特别鲜艳，容易引起拼图者的注意。自上而下的加工就像有示意图的拼图，拼图者事先知道要拼出的图案，然后根据期望去寻找小块，进行拼接。

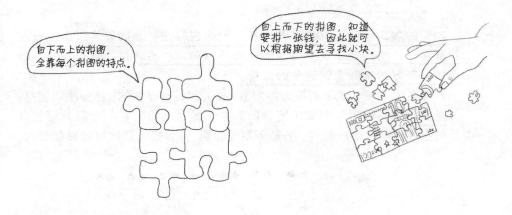

自下而上的拼图，全靠每个拼图的特点。

自上而下的拼图，知道要拼一张钱，因此就可以根据期望去寻找小块。

自上而下和自下而上的加工在工程设计里应用很广。例如在设计显示器的时候一方面要考虑显示的清晰程度，另一方面又要考虑到使用者由于先前的经验而可能具有的期望和倾向。

一般来说，在刺激特别清晰，而且知觉时间较宽裕的情况下，人们会依据刺激的特征来进行知觉加工，但如果刺激比较模糊，或者时间很短，人们就会依赖先前经验所产生的期望。

如果显示器显示的内容有可以依赖的背景，例如短信中的话语，意味着用户可以利用自上而下的信息，这样即使物理特征不是很清楚，用户依然能很快识别；但如果显示的内容没有背景信息可以利用，用户只能完全凭借物理刺激本身，这时刺激的呈现就必须足够清晰。

老年人手机的拨号一定要大，因为老年人的视力衰退，对刺激特征的识别比较模糊。

如果你观察你的手机，你会发现拨电话号码的时候，显示的电话号码数字字体较大，但是写短信的时候，字体比较小。这就是因为电话号码的数字在呈现时没有背景信息支持，你无法猜测6754后面会跟着什么数字。但是短信是有背景的，例如"明天下午老地方见"，即使"地"字不清楚，你也可以根据这句话的背景猜出这个字。

2. 知觉加工的整合

知觉的加工要由选择性注意将某一对象进行进一步的整合加工，在这个过程中，人们倾向于做整体加工，而不顾部分。有人认为整体加工是自动化的，部分加工则需要更多的注意。

人对环境中按一定原则排列的刺激，能够进行整体知觉，这些原则包括：

接近律：人们对知觉场中客体的知觉，是根据它们各部分彼此接近或邻近的程度而组合在一起的。各部分越是接近，组合在一起的可能性就越大。

接近律　●● ●● ●● ●● ●● ●● ●●
[ab cd ef gh ij kl mn]

相似律：人们在知觉时，对刺激要素相似的项目，只要不被接近因素干扰，会倾向于把它们联合在一起。换言之，相似的部分在知觉中会形成若干组。

相似律　OO··OO··OO··OO··OO··
人们倾向于将圆圈和原点分开。

闭合律：人们看到一个连贯的形状时，倾向于将之进行整合知觉。

闭合律　 人们会看到图中的五角星，而不会将其知觉为5个三角。

连续律：在知觉过程中人们往往倾向于使知觉对象的直线继续成为直线，使曲线继续成为曲线。

连续律：两条曲线或是两个有尖顶的图形。

两个图形，很容易看成不一样的。

同一些图，可现在在视觉上是难以分开的。

在设计人机交互系统时，需要依据这些知觉原则。

第一组 第二组

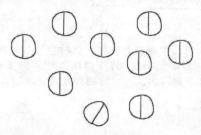

第一组不容易看到斜线的仪表，因
为仪表排列比较乱。

第二组更容易看到斜线的仪表，因
为排列更整齐。

人们倾向于对整体进行自动化加工，减少所需要的资源，但是对每个仪表单独的加工
就会减少。因此，如果任务操作需要对排列中的两个仪表进行持续的比较，这种组织
原则就反而有负面影响。

怪不得小孩子很喜欢去超市，也许人天生就喜欢看整齐的东西，因
为加工不消耗太多的资源，而排列凌乱的会给人带来很大的认知负担。

第四节　记忆

一、工作记忆

将环境信息转换成人脑合适的形式，以便进行加工和存储。这个转换
过程是由工作记忆来完成的。

工作记忆是一个临
时性的存储器，用于短
时存储少量的信息，在
工作记忆中存储的信息
一直处于激活的状态。
例如，看到一个电话号
码，然后在工作记忆中
记住这个号码，一直到
我们完成拨号。

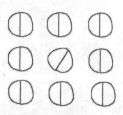

我要找北京饭店。

0101101000010······
0101101000010······
0101101000010······

就像计算机也必须将人的文字转化成二进制代码，才能处理。

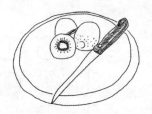

案板的容量不大。

工作记忆很像厨房的案板，我们把菜从冰箱里拿出来（调动长时记忆），再加上刚买回来的菜，在案板上进行加工，做好的菜就放回冰箱去。

1. 工作记忆模型

工作记忆是由三个子系统构成的。

视空间模板：用于视觉信息的存储、操作。视觉空间模板使得视觉信息，如物体的颜色、形状、大小等信息，在大脑中暂时保存并进行加工处理。

语音回路：用于声音信息的存储。因为语音回路系统是依赖语音进行编码的，因此若项目间发音相似，富有特色的语音特征就很少，容易混淆和遗忘。

中央执行系统：负责协调各子系统之间的活动，且与长时记忆保持联系。

中央执行系统的抑制功能尤其重要。其抑制功能是指中央执行系统要阻止无关信息进入工作记忆，从而使得工作记忆的内容限制在当前活动相关的信息上。抑制机制的效率高，在任务表现上就会表现为"抗干扰能力强"。

2. 工作记忆的限制

工作记忆的容量：7±2个项目。但是这并不代表工作记忆只能记住很小一部分内容，人们可以通过组块的方法来提高总的工作记忆容量。

所谓的组块是将相关的项目组合在一起，例如"w""o""r""k"本来是4个，但组合在一起就成了一个组块"work"，可以编码成为一个有意义的单元，只占用工作记忆里的一个单位。之所以能够组块，是因为与长时记忆有联系，人们能够从长时记忆中提取"work"，将其作为一个组块来记忆。

手机号码采用组块的方式呈现，更不容易读错。

组块是记忆单元，也可以是知觉单元。例如，在表示较多的数字的时候，通常会用空格进行分割，489 234 125，这在视觉上就是三个组块。这样对知觉和记忆都很有好处。

工作记忆保持时间：工作记忆保持的时间不长，只有在不断复述的情况下才能保持。一般来说，工作记忆的保持时间在几分钟内，除非转换为长时记忆。

现代人身边围绕着无数的信息，很容易看过一眼就被忘记了！

混淆和相似性：记忆和知觉一样，也容易出现混淆。通常视觉或声音相似性高的项目容易混淆。例如 EGBDVC 比 ENWRUJ 更容易混淆，就是因为前者的视觉相似性高。

3. 应用

为避免工作记忆的限制带来的问题，可以用持续时间较长的视觉显示来增强原来时间较短的暂时刺激，例如将飞行员接收的空中交通控制信息重复显示，可以减轻工作记忆负荷。但是这种做法也会导致飞行员周围的信息显示增多，混淆性增加，干扰飞行中的信息处理。

信息显示多了，也是麻烦。

在工程心理学的研究中，如何利用技术来帮助人们突破工作记忆的限制，已经成为工程设计和研究人员重点考虑的事情。

空中交通管理员要记住目前在机场上空盘旋的几十架飞机的飞行速度、机型、等待时间，并引导它们顺利降落。如果不小心忘记了其中一架飞机，那就很可能导致撞机事故。而且这些信息还是在迅速更新的，用笔写下来显然来不及。那么，应该设计一套什么样的系统，来帮助他们记住呢？

二、长时记忆

1. 长时记忆的编码

长时记忆：指永久性的记忆存储，一般能保持很长时间。它的信息是以有组织的状态被贮存起来的。

长时记忆的信息组织方式：词语和表象，即言语编码和表象编码。

长时记忆相当于计算机的硬盘。

言语编码通过词来加工信息，按意义、语法关系、系统分类等方法把言语材料组成组块。

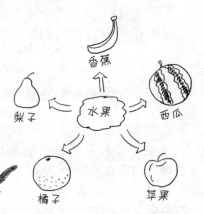

长时记忆中，同类别的词往往放在一起。

例如，围棋专家或者计算机编程专家在处理与自己专业相关的知识时，都是以组块的形式存入长时记忆的。随着能力的增强，组块越来越大，处理问题也越来越熟练。

表象编码是利用视形象、声音、味觉和触觉形象组织材料来进行记忆。

与言语编码不同，表象是大脑对事物的直接表征。闭上眼睛，似乎能看到刚才呈现的那个事物在头脑中浮现，这就是表象。

人能够在头脑中对表象进行操作，比如心理旋转。

70

2. 长时记忆的类型

依照所贮存的信息类型，长时记忆分为：

(1) 情景记忆：接收和贮存关于个人的特定时间的情景或事件及这些事件的时空联系的信息。

例如，我记得昨天来学校上课了，这就是情景记忆。

(2) 语义记忆：有关字词或其他语言符号、其意义和指代物及它们之间的联系，以及有关规则、公式和操纵这些符号、概念和关系的算法的有关内容。

例如，我记得牛顿运动定律的内容，这就是语义记忆。

情景记忆和语义记忆有时候联系在一起。例如，我"记得昨天上课的时候老师讲了牛顿运动第二定律，我记得定律的内容，也记得老师讲课时的情景"。

长时记忆信息的提取有两种形式：回忆和再认。

例如，简答题就是回忆过程，选择题则是再认过程。再认比回忆的心理负担要轻很多，如果人机系统要减轻人的心理负担，就要尽量使用再认而不是回忆。例如，DOS 系统中让用户输入指令，就是一种回忆过程，而 Windows 系统中让用户从下拉式菜单中选择，就是一种再认过程。

3. 情境意识

情境意识是指用户对环境中所发生变化的含义的意识，即是对一定的时间和空间环境内要素的感知，以及对它们意义的理解和对将来状态的推测。

境意识的缺乏常造成"顾此失彼"的情况，是目前工程心理学特别关注的一个研究领域。

为什么总觉得不对劲？

情境意识实际上是描述了用户对未预料的事件的了解做出及时反应的准备。

情境意识在飞行驾驶中特别受到重视，这是因为飞行驾驶是一个高难度、高风险、环境复杂、对安全性要求很高的活动。人们发现，飞行事故中，大多数是由于人为原因造成的，多是因为驾驶员没有意识到机器给的信号所代表的系统可能出问题的可能性。

例如，飞机在飞行中，飞行员应该对飞机性能、状态、飞行轨迹有意识，同时也包括对外界环境、管制信息的意识，还包括对飞行的标准程序的意识。当其中一个要素出现变化时，飞行员要迅速能够给予关注并判断这个变化可能造成的后果。但是飞行员常出现这样的错误，当情境发生变化时，错误地关

该死！起落架到底怎么回事？

注了不那么紧急的问题，而失掉了对其他更重要的情境变化的注意。

在某一次飞行的降落过程中，信号灯显示起落架未正常放下。于是飞行员们重新飞起来，并全神贯注地试图解决起落架信号灯问题时，没有注意到自动飞行控制突然失灵，飞机慢慢下滑，最终导致了该航班坠机。

情境意识与工作记忆有关，因为对变化情境的知觉大多存在工作记忆中，因此，在心理资源用于其他任务的时候，情境意识水平就下降。

情境意识与长时记忆也有关，专家在长时记忆中存储了与情境有关的信息，当需要的时候，即使工作记忆系统没有处于激活状态，信息也能迅速被提取。

为了培养情境意识，最好的办法是通过实际的案例，让操作者不仅学会解决问题的方法，还能够获得关于问题的背景知识，这种知识通常是内隐的，只能通过案例的积累来获得。飞行员、医生，都需要进行案例学习。

第五节　决策

决策：就是对多种方案进行分析，选择一个满意方案的分析和选择的过程。

人机系统的很多事故都源于操作员做的错误决策。例如，美国航天飞机"挑战者号"的事故，是由于密封圈在低温下失效，事实上这个问题在发射前已经有工程师警告不要在冷天发射，但是由于发射已被推迟了5次，所以警告未能引起重视，高层做出了错误的决策。

雷达上显示有飞机进入，是否要发空袭警报？

前面的交通灯快变红色了，要不要加速冲过去？

上大学应该报考哪一所学校？

该不该买这只股票？

这些都是人们会面临的选择，有些决策成功了，有些却失败了。工程心理学就要探讨如何更好地改进人的决策。

一、决策的过程

决策主要包括以下三个步骤：

① 寻找线索和感觉信息，这一步可称为"收集信息"。

例如，病人去医院看病，医生首先要收集信息，一般通过两种方法，一种是询问病人的主观感受和病史，第二种是做各种检查。医生能问的问题非常多，医院能做的检查也非常多，医生不可能全部都收集，因此需要医生凭借自己的过去经验，选择收集哪些信息，忽略哪些信息。

② 对线索形成理解、评价，这一步称为"诊断"。

例如，医生现在知道了病人的检查结果，并且有了病人对病情的陈述，也看到了病人的情况，那么现在要确定病人的问题到底出在哪里，也就是患了什么病。

③ 动作选择，在诊断之后通常有多种解决方法，操作者要选择其中一种。

例如，医生已经诊断出病人得了胃病，那么是需要做手术，还是吃药？吃哪一种药？每一种方法的选择都有一定的风险，有的方法成功率高，但有严重的副作用，有的方法成功率低，但副作用小，人们必须在价值和代价之间进行平衡。

二、好决策的标准

1. 理性决策模型

理性决策模型：决策者会将每一个方案，在不同的自然状态下的收益值（程度）或损失值（程度）计（估）算出来，经过比较后，按照决策者的价值偏好，选出其中最佳者。

理性决策要求决策者掌握所有的信息。

> 理性决策模型起源于传统经济学的理论，这种理论以"经济人"的假设为前提。"经济人"又叫"理性经济人"，就是以完全追求物质利益为目的而进行经济活动的主体，希望以尽可能少的付出，获得最大限度的收获。这种理论强调对收益进行理性分析，并选择一个让自己利益最大化的方案。

理性决策的类型：

①多属性效用理论假设：一个决策选项的整个价值是每个属性的重要性乘以每个属性的效用的总和。

例如，一个人想买车，车有五个属性：报价、油耗、保险费用、音响性能、修理费用，那么决策者可以赋予每个属性一个权重，然后评价每种汽车在每个属性上的价值，综合给出一个分数，比较每个产品的得分，再进行选择。

A车：油耗8分，安全5分，修理费用1分，音响1分，总分15分。
B车：油耗6分，安全3分，修理费用2分，音响2分，总分13分。
②期望价值理论：一个选项的总价值是每个结果的价值乘以它的概率的积的总和。这个主要是从概率的角度来考虑。

例如，A 有 20% 的机会赢得 50 美元，B 有 60% 的机会赢得 20 美元。A 如何选择？最简单的办法就是用概率乘以钱数，然后看哪个值更大，于是选择了 B。

期望价值理论适合解释人在投资或者赌博中的行为，但是这个理论并不能完全解释人的行为。人不一定要将自己的盈利最大化，而往往会先将亏损降到最小。即与等量的收益相比，人们感觉到的定量的潜在亏损的主观后果更大，因此对决策行为的影响也更大。所以人们往往会拒绝参加一个有 50% 的可能性会损失 100 元，且有 50% 的可能性会得到 100 元的赌博，正是因为人们觉得可能失掉 100 元的负价值大于得到 100 元的正价值。

在三门问题中，如果你是参加者，你坚持第一次的选择不变，还是改变第一次的选择呢？数学家告诉你，更换选择的概率更大，你将有 2/3 的可能性获得汽车，坚持原有选择，你只有 1/3 的可能性。

但即使得知了这一点，很多人依然会坚持原来的选择，他们解释说，如果更换了选择，但如果错了，那么后悔程度会更大，因为人们会尽量避免"本来得到，后来又失去"的损失，为此宁可放弃可能性更大的收益。

另外有些问题也不能用钱来衡量价值，比如安全的决策往往涉及人员的伤亡。在第八章安全与事故预防中有阐述。

2.启发式决策模型

启发式决策：人们在实际生活中做决策时，经常偏离理性模型的假设，因为人们往往依赖较为简单和不太完善的方式在众多选项中进行选择。

例如，满意策略认为，人们往往选择那个对于他们的目的来说已经"够好"的决策。

诺贝尔经济学奖获得者、经济心理学家丹尼尔·卡内曼（Daniel Kahneman）论证了在不确定情形下，人们的判断会因为依照"倾向于观测小样本"形成的小数法则行事，或因为对于容易接触到的信息的熟悉和对主观概率准确性的盲目偏信，而导致决策行为系统性地偏离了基本的概率论原理。

猴子掰玉米就是一个描述决策的故事。走在玉米地里，到底应该掰哪个玉米呢？世界上没有完美的事，也很难做出完美的决策。俗话说的"钱多事少离家近"的工作也是几乎不存在的，大多数时候，人们的决策总是有一定的局限，不求最好，只求够用。

人在诊断中常用的两种方式：

①代表性启发：根据现有线索与代表假设的线索的匹配程度来做出诊断。

就是说人们在不确定的情况下，会关注一个事物与另一个事物的相似性，以推断第一个事物与第二个事物的类似之处，人们假定将来的模式会与过去相似并寻求熟悉的模式来做判断，并且不考虑这种模式产生的原因或重复的概率。

一个经典的启发式思维的实验

Tom 智商很高，但是缺乏真正的创造力。他喜欢按部就班，把所有事情都安排得井然有序，写的文章无趣、呆板，但有时也会闪现一些俏皮的双关语和科学幻想。他很喜欢竞争，看起来不怎么关心别人的感情，也不喜欢和其他人交往。虽然以自我为中心，但也有很强的道德感。

请问，Tom是哪个专业的学生？企业管理，工程，教育，法律，图书，医学，社会学？

绝大多数被试都认为 Tom 最有可能是工程系学生。因为 Tom 与人们心目中一个理工科学生所应当具有的形象完全吻合（或者说代表了一个理工科学生的形象）。

这就是典型的代表性启发式思维方式。当面对不确定的事件，我们往往根据其与过去经验的相似程度来进行判断或预测。说简单一点，就是基于（过去经验的）相似性来预测（当前事件的）可能性。到底个体 A 是否归属于群体 B？如果个体 A 具有群体 B 的某些特征（具有相似性、代表性），则认为个体 A 归属于群体 B。

② 可利用性启发：根据容易想起的事件来做出诊断。

什么样的事件容易想起？经常出现的，刚刚出现过的，过去经验的详细程度。

最常见的例子就是对交通工具安全性的判断。我们通常会觉得坐飞机很危险，坐汽车比较安全，但实际上飞机的事故率比汽车小很多。为什么人们仍有这种与实际概率不符合的观点呢？这是因为飞机不失事则已，一失事就会上报纸头条，非常轰动，对这样的事情人们的记忆比较清楚。因此，当提到交通工具的安全性时，有关飞机事故的报道很容易进入你的头脑，但是汽车事故的则不会，造成了人们认为飞机更不安全的想法。

三、如何帮助改进人的决策

计算机可以帮助人们改进决策，从决策的三个阶段，分别提供不同的帮助：

(1) 帮助收集信息

计算机能够提供多种信息的显示，能帮助人们改进决策。例如，用图形表征的方式提供数据，可以使人们更容易判断风险。或者通过整合显示信息，使得人们可以用最少的心理资源访问更多的信息。

(2) 帮助卸载诊断所需要的工作负荷

诊断过程需要人们在工作记忆里放大量的信息，有时候会出现工作记忆超载。计算机帮助人们将这些信息放在头脑外部，记录人们曾经做过的假设，将证据汇集起来，或者从专家知识库里调出相关的知识和原则，甚至可以帮助人们做假设或者推测。

在很多电视剧里，警探将案情的相关资料都放在一张大白板上，随着案情的进展，白板上的资料越来越多，警探思考案件的时候，通常就站在白板前面，一边看着白板上的文字和图片，一边仔细思考。这种白板其实就是一种帮助人们减轻在诊断中的工作负荷的工具。

(3) 向用户提供行动选择的不同推荐意见

随着计算机的智能程度提高，计算机能够自动做出诊断和行动方案，而且给每一种方案计算出概率值，并将其推荐给决策者。计算机已经帮人们干了大多数的事，从收集信息到诊断，最后到提供行动方案。人的选择有时候还不如计算机明智，因为计算机是只看各种数据，但人会有非理性情绪在决策过程中作祟，有时候这种情绪能起到好作用，有时候则相反。

美国电影《鹰眼》就描述了一个自动化决策系统和人较劲的故事。

鹰眼是美国军方研究出来的超级电脑，它可以通过传感器采集世界各个角落无处不在的各种信号，进而分析美国可能遇到的各种威胁，在威胁出现在萌芽阶段的时候消除。某天，在中东某地，美国军方的情报系统锁定了一名目标人物，鹰眼系统给出了该目标人物可能是某恐怖分子头目的概率为37%，后来又提高到51%，但系统建议不要攻击。但总统综合考虑其他因素，不顾鹰眼给出的建议处理方式，认为该目标人物对美国的威胁更值得重视，于是下令定点清除，伤及了大量无辜，结果导致鹰眼自主决定除掉总统……

计算机辅助决策在心理学中也很常见，例如使用测谎仪时，电脑会根据计算皮电等各项生理数据的变化，给出一个推荐的诊断意见，人也能根据这些生理数据进行判断，作为最终决策者，人要综合电脑的意见和自己的经验来进行判断。

专题1 情境意识的测量和交通中的情境意识研究

一、如何测量情境意识？

情境意识的三个层次：(1) 察觉— (2) 理解— (3) 预测 (Endsley, 1995)。

例如：空中交通管理员首先意识到飞机飞行轨迹的变化（察觉），然后理解到这意味着有两架飞机的飞行轨迹发生了交叉（理解），最终意识到马上就有可能发生碰撞，并且认识到后果会有多严重（预测）。

1. SA的测量：SAGAT问卷法

SAGAT是由Endsley开发的测量情境意识的工具。

SAGAT中，操作者使用一个模拟的系统，评估者可以在任何时间点停下来，向操作者提问对当前系统状态的知觉。提问的时候，系统就暂停，屏幕也变黑，被试要快速回答他们对当前系统的知觉。这些问题分为三个层次：知觉，理解和预测。

例如：对空中交通控制的SAGAT问卷

(1) 输入所有飞机的位置（在一个地图上），包括在导航控制内的飞机，在这个区域的其他飞机以及在接下来2分钟内要进入导航控制的飞机

(2) 输入飞机的编号（对问题1里的飞机）

(3) 输入飞机的高度

(4) 输入飞机的速度

(5) 输入飞机的方向

(6) 输入飞机接下来要进入的区域

……

(16) 输入没有与你联系的飞机

……

(20) 输入在2分钟即将降到最小高度以下的飞机

(21) 输入与飞行计划不一致的飞机

测试界面如图：

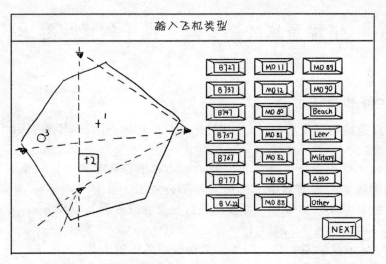

SAGAT 问卷——飞机类型

2. 情境意识测量的应用

有时候，操作者在两种不同的系统中表现接近（比如任务正确率、反应速度等），但这并非说明两种系统是差不多的。如果采用 SAGAT 进行测量，就可能发现，其中一种系统中，操作者的情境意识更好。

例如，比较新旧两种航空电子系统的操作绩效，发现新系统没有显著提升。但是测量它们的 SA，结果表明，操作距离越远，新系统中飞行员的情境意识越好。见图：

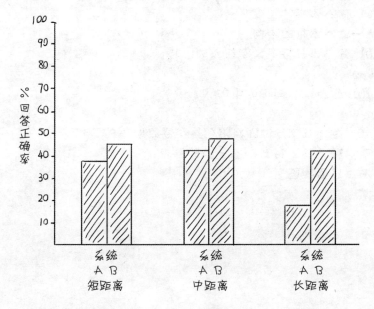

在一般情况下，两种系统中飞行员的表现差别不大，但是在真实战争情境中，飞行员情境意识上的差别就至关重要了。

二、为什么摩托车很危险？——情境意识的研究

1. 为什么摩托车更容易发生交通事故？

（1）摩托车体积小，不够醒目，由于汽车没注意到摩托车而导致的事故达到40%，而由于摩托车没注意汽车导致撞上发生碰撞的只有5.2%；

（2）摩托车影响驾驶员对摩托车距离－时间比的知觉，摩托车对到达时间的预期显著比四轮工具要晚；

（3）摩托车在整个交通道路上出现的概率很小，影响了司机的预期，这导致司机往往对摩托车的注意较少，除了那些有朋友或者亲戚开摩托车的人，而有摩托车驾驶经验的人往往更倾向于将摩托车视作一种威胁；

（4）在汽车中穿行是摩托车驾驶员常见的行为，这种行为让他们难以被司机所看到，但摩托车驾驶员对自己的可探测性认识不足；

（5）摩托车驾驶员和汽车司机在人格上并没有差别，他们的冒险行为更多是由驾驶工具本身所决定的。

2. 人们在道路上的互动（两车相遇时的行为调整过程）

（1）探测到道路上另一个用户的出现；

（2）对另一个用户移动的特征进行识别，评估他的速度、距离，决定这个用户是否会影响自己的目标；

（3）将别的用户考虑进来，准备调整自己的行为，适应其他用户的出现；

（4）预测其他用户的策略，这意味着要识别他们的动机。

用户是通过环境信息和长时记忆中的知识，来推测其他用户的动机。道路上的互动激活了某些先前知识，包括交通工具的类型以及对该类交通工具的典型行为的刻板印象（例如，出租车可能会在一个挥手的路人前停车）。

3. 交通中的情境意识

交通中的情境意识：对道路环境变化，尤其是其他道路使用者的状态变化的认识。

不同的道路使用者对道路情境的意识存在差异。摩托车驾驶员和汽车司机对道路情境以及其他车辆状态的表征方式有差别。驾驶经验、使用的交通工具的不同，导致在驾驶环境下不同的预期，情境意识也不同。

例如，研究表明，62.9%的中大型摩托车驾驶员认为汽车司机们低估了自己的速度；然而近一半（47.9%）的汽车司机认为自己正确地估计了摩托车的速度。

汽车司机认为他们正确地估计了与摩托车的距离，而摩托车驾驶员们

则认为司机们高估了距离。

很多汽车司机（88.3%）认为自己在开车的时候将摩托车考虑进去了，但是很多摩托车驾驶员却不这么认为。

摩托车驾驶员对司机是否会调整他们的策略也有更多的怀疑。司机们觉得自己是正确预测了摩托车的策略，但是摩托车驾驶员并不认为如此。

总之，汽车司机和摩托车驾驶员对道路情境的意识有很大差异，这容易使得两车在道路上相遇时，不能很好地进行互动，导致事故发生。

第四章　人机系统

人机系统界面包括以下两方面的内容：

1. 从显示器上接收信息，涉及显示装置的设计；
2. 通过控制器对机器进行控制，涉及控制装置的设计。

第一节　显示装置

一、显示装置的分类

显示装置就是机器向人传递信息的中介，用于帮助人们理解相关系统变量并对其信息进一步加工。

按照实现的物理方式不同，显示装置分为视觉显示、听觉显示、触觉显示、嗅觉显示等。

其中视觉显示器和听觉显示器最常见。

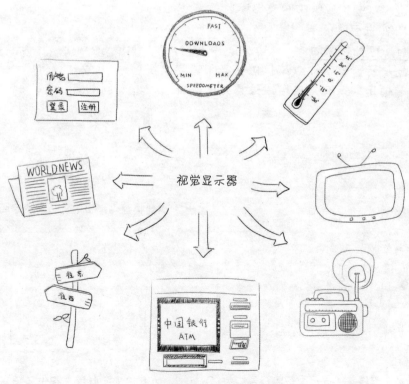

这些都是视觉显示器。

给手机充值请按1，手机挂失请按2……

这是听觉显示装置。

有电话打进来，通过触觉感受到，这是触觉的信息呈现方式。

二、显示装置设计的原则

显示装置设计就是用一定的框架把需要向用户提供的信息组织起来。具体来说，要遵循以下四大类原则。

1. 知觉原则

(1) 可视性原则

显示装置要保证应该提供任务所需要的必要信息，没有分散用户注意力的额外信息。

例1：

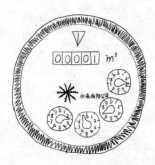

例2：

没有足够的信息，用户不知道这是一扇门。

你能快速地读出水表上的数字吗？

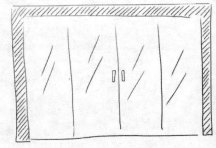

加上把手就向用户提供了信息：这是一扇门，需要你推开或者拉开，旁边的玻璃不是门。

86

例3：

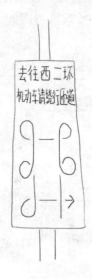

这是著名的北京西直门桥右转图标。你能很快看懂路线吗？

这是国外某建筑里的卫生间。仅看图标，很容易让人感到疑惑："难道这是马术俱乐部？"额外的信息分散了用户的注意力。

传说……从来没有司机第一次就能成功通过西直门桥……

　　不过西直门桥不是一个孤立的图标设计问题。首先，该处交通流量过大，支路过多；其次是为了照顾干流方向（西二环）的通车顺利，人为限制支流方向；第三，进出口设计不合理，通行能力低；最后，进出口标志设置不合理，无法提醒司机提前分流。种种因素造就了这一交通史上的"奇葩"。

　　可见，有时候人机系统是一个非常复杂的体系，需要综合考虑。

（2）简洁性原则
　　好的设计不应该让用户觉得困惑，或者迷失在众多的选择中。人对事物进行分类表征时存在一定的局限，如果提供的选择过多，就会造成混乱。

有时候选择太多，也是一种痛苦。

例如，要求操作员确定当前的信号是五六种信号中的哪一种，有一定的难度。又如，在读地图时，如果地图的颜色编码过多，我们就会陷入混乱。

简而言之，这条原则就是告诉设计者，别搞太复杂的信号分类。

(3) 反馈性原则

双方沟通信息的时候需要随时得到对方的反馈，并以此来调整自己的行为和语言。同理，人机系统显示装置要随时向用户通告当前正在进行的活动、状态的变化、出错的情况，用清晰的、熟悉的语言将用户感兴趣的、需要了解的信息表达出来。

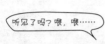
听见了吗？喂，喂……

打电话的时候需要听到对方的反馈，如果对方沉默，我们就会觉得十分不安，会怀疑："他听见我说话了吗？不会是电话信号断了吧？"

反馈分为：

操作反馈，指的是界面元素在用户进行滑过、点击、移开等操作时，元素的反馈变化。

状态反馈，指的是产品在运行需要用户等待或者系统出错时的反馈，让用户明白状况。

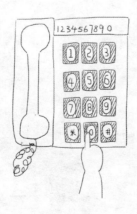
1234567890

现在的电话在拨号的时候，都会有一个屏幕将所拨号码显示出来。以前的电话可不是这样，你拨了什么号码，是看不见反馈的。

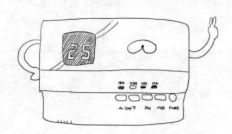

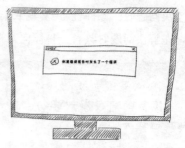

温度调节器需要将用户当前设定的
温度显示出来，否则用户就会盲目
地按键调节。

计算机给我们的反馈总是让用户哭
笑不得。这是 Windows Vista 的错
误提示报告。

(4) 冗余性原则

　　显示器有时候需要采用多种通道来传递信息。多通道感觉信号比单个
感觉通道更易引起注意。在某些情况下，可以应用两个或两个以上的方式
编码，如符号的形状和颜色相结合，这样可以加快人对信息的接收。

红绿灯除了用颜色表示不同
的含义，也提供位置信息。

禁止停车标志，除了图案，
也用文字表达。

(5) 预期原则

　　人是在已有的经验基础之上感觉并解释信号的意义，因此对信号有一
定的预期。如果显示装置所呈现的信息的显示跟人的预期一致，加工就会
比较容易。

定势：是指重复先前的操作所引起的一种心理准备状态，它影响解决问题时的倾向性。定势使人们会以某种习惯的方式对刺激情境作出反应，在解决问题时具有一种倾向习性，并影响问题是否顺利解决。

2. 心理模型原则

设备的显示设计要符合用户正确的心理模型，用户才能快速并准确地理解并操作。

(1) 心理模型一致原则

在设计时，必须考虑三种水平的表征的一致：

物理表征：事物在现实中的表征，即事物本身的结构；

心理表征：事物在头脑中的表征，也叫内部表征；

显示表征：将事物显示出来的表征。

内部表征　　　　　　　显示表征　　　　　　　物理表征
(心理模型)　　　　　　　　　　　　　　　　　 (物理系统)

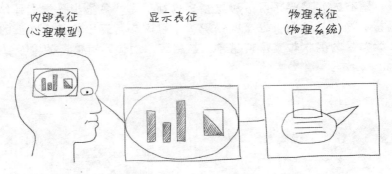

例如，一个人说，"我要把C盘的文件移动到D盘。"他的头上出现一幅想象图，图是显示一本书从椅子上移到桌子上，如下图：

我要把C盘的文件移动到D盘。

用户的心理模型（内部表征）

文件转移其实是要修改磁盘上的序列索引。

系统的实际模型（物理表征）

现在的操作系统比如 Windows 都是按心理模型来设计的，通过拖拽就可以移动文件。

不同经验基础的用户，他们的心理模型也会不同。例如，老年人对"去银行存钱"的心理模型是基于与柜台服务员的交流，而年轻人的"存钱"模型则更多地是关于在 ATM 自动提款机上的操作流程。

(2) 显示兼容性原则

系统的显示模型（显示表征）

显示装置的显示应该与它要反映的内容一致，应尽量提高显示与所表示意义间的逻辑联系。

例如，飞机的高度是一个模拟量，应该以模拟形式将高度信息呈现给飞行员。高度的大幅度变化比小范围变化更重要。因此，飞机的高度用指针式（模拟式）比用数字式显示更合适。

> 模拟量：是指变量在一定范围连续变化的量，也就是在一定范围（定义域）内可以取任意值。

在使用模拟显示时，还需要保证显示的方向和形状与实际的方向和形状相同。

例如：

真实系统

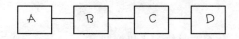

显示装置 (a)

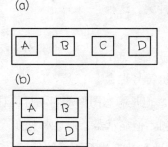

(a) 显示比 (b) 显示的兼容性更好，因为 (a) 更符合真实系统的特征。

(b)

91

(3) 运动一致性原则

显示装置中动态信息的显示与实际物理运动方向一致。

例如，汽车向右转弯，GPS导航仪上显示的汽车也应该向右转弯。但在实际设计中，常常出现违反运动一致性的情况。例如：

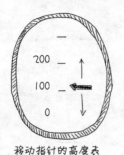

移动指针的高度表

通过移动指针来表示高度变化，这符合实际的表征。但这只能在较小的范围内变化。

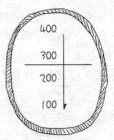

移动标尺的高度表

要能够在大范围内变化，就得用移动标尺的显示方式，但向上升的时候，标尺就要向下移动，这与实际物理运动方向不一致。违反了运动一致性原则。

飞行姿态指示器的设计

通常飞行姿态指示器采用飞行员视野显示（图a），这种显示的好处在于飞行员看到的外部景象与显示器指示的一致（地面是倾斜的）。

但当飞机向左翻滚的时候，飞机逆时针转动，但显示器中的地平线则会顺时针转动，与飞行员的心理模型相冲突。这种冲突导致了大量的飞行事故。

如果将飞行姿态改为外部视野显示（图b），飞机向左翻滚时，飞机符号也会

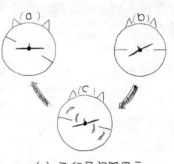

(a) 飞行员视野显示
(b) 外部视野显示
(c) 分离显示

向左翻滚，满足运动一致原则。但是静态图像却和飞行员看到的不一致，飞行员看到外部的地面向右倾斜，但显示器上则是水平的。

目前采用的解决办法是对两种情况进行不同的处理，飞机静止时用（a）的显示方式，飞机进行侧向运动时改为（b）的显示方式。研究发现，飞行员对这种方式的适应非常好。

3. 注意原则

(1) 注意消耗最小原则

将用户需要访问信息的消耗降到最低。

　　人将注意从一个位置移动到另一个位置时，会出现时间消耗或精力消耗。减少注意消耗最直接的办法是采用小显示器，使人们只需要扫描较小的区域就能获得所需要的信息。

　　不过有时候人们会喜欢更大的显示装置。**比如在使用电脑时**，人们希望显示屏越大越好，比如 29 寸的显示器肯定**比** 17 寸的好，这与小显示器更好的原则不符。但是想想人们喜欢大屏幕显示器的原因，是因为可以将两个程序同时打开并排放在桌面上，比如**在做** Word 文档的时候，可以左边放你需要写的文件，右边放需要翻阅的**资料**。这种工作方式，比采用小显示器并不断地在不同的程序界面之间**切换**，所需要的操作更少，所消耗的能量也最小。

(2) 接近相容原则

属于同一类或同一任务的信息在空间上应该接近，或者采用颜色相同、用线连接等方式。方便人们对这些信息进行整合。

　　　　　　　　　　　　　　这是基于知觉的组织原则。

4. 记忆原则

　　人的记忆能力是有限的，短时记忆的容量是 7±2，长时记忆虽然容量无限，但提取往往有困难。在显示设计中需要遵循的与记忆加工有关的原则：

（1） 利用视觉信息降低记忆负荷

将用户要做的事情尽可能地呈现出来，或者对需要比较的信息同时显示，这些都可以降低用户的记忆负担。

（2） 预测辅助原则

如果人能预测下一步要做什么，反应就会更快，但预测需要消耗心理能量，会被其他任务干扰。因此如果显示器能够帮助我们做预测，就可以让消耗心理资源的任务变得简单。

虽然 GPS 上已经设定好了目的地，但是驾驶员怕不小心错过，于是驾驶员不断地盯着周围的店铺和 GPS，甚至影响了驾驶员观察前面的路况。

GPS 设置了提醒，时不时提示 "距离目标还有 500 米"，驾驶员就能轻松开车，快到达的时候，再认真寻找。

（3） 一致性原则

人在形成习惯之后，轻易不容易改变，因此，在设计时，尽可能考虑到不同系统之间的一致性。

例如，用户已经习惯了微软 Windows 的界面，对 "我的电脑"、"浏览器" 等设置已经熟悉，这时如果换一套新的显示方式，用户对界面就会感到非常不习惯。

三、导航与地图显示

1. 空间信息的心理表征

地图是一种对某个区域进行表征的外部显示装置。

地图的作用：指导用户在三维空间里沿着一条路线前进并到达目的地。

用户对这个地理区域的心理表征则是基于三种知识：

(1) 路标知识

指路线中重要的标志性物体，例如有特色的房子、公园、雕塑、奇怪的植物等等。

路标知识是人通过对环境的体验而获得，因此是以自我为中心的。

我要去图书馆，路上会经过

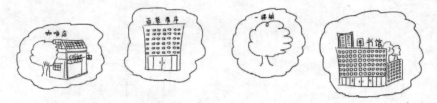

(2) 路径知识

是从一个地方如何到另一个地方的程序化知识。

路径知识也是以自我为中心的。

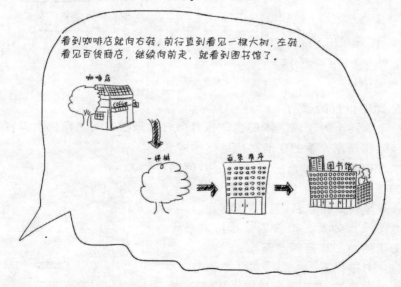

看到咖啡店就向右转，前行直到看见一棵大树，左转，看见百货商店，继续向前走，就看到图书馆了。

有些人喜欢用"左转右转"来表达路径知识，有些人则喜欢用方位如"向南转"来表达。这取决于各人的习惯。当然也有地区差异，一般来说，所生活的城市布局比较整齐的人（例如北京人）喜欢用"东西南北"来表达，而所生活的城市布局方向不强的人（例如重庆人）则更喜欢"左转右转"。前者是外在视角，后者则是自我中心的视角。

（3）测量知识

测量知识是更加精确和真实的空间表征，地图就是测量知识的表现。

测量知识是以外在现实为中心的，因此比路径知识更加精确。

2. 地图设计的原则

对于不熟悉的区域，人们需要依靠外在的导航工具来帮助自己。地图是一种能够传递大量的空间环境信息的方式。

地图信息呈现的第一个问题：如何将杂乱的信息简明清晰地表达出来（在第一节显示装置的设计里已经进行过探讨。）

地图设计的第二个问题：选用的参照系。常用的地图有两种参照系：

（1）沉浸视图

这时所呈现的画面就是以人眼看到的画面。

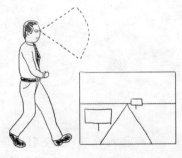

沉浸视图

Google 地图的街景就是这样的视角。这种视角所看到的画面是三维的，好处在于给人的真实感非常强，能够有身临其境的感觉。但坏处在于导航功能减弱，往往不知道自己应该往哪个方向走。

（2）平面视图

平面视图比沉浸视图的观察点更高，相当于是从头顶上向下方观察，得到的是二维的平面图。

平面视图

我们平时用的地图就是这种观察视角，好处是视野比较广，对整体布局一目了然。但也有弱点，人要看懂这个地图，并且将现在的位置和地图结合起来考虑，并选择下一步路线，有时候会比较困难。

以前只有纸质地图的时候，基本都是从一个固定视角向下看的平面视图，因为沉浸视图的视角需要随着人的位置变化不断变化，只有电子地图发展起来之后才真正具有实用价值。

"你在这里"地图（You-are-here Maps）

这种地图在平面视图的基础上，加上了对用户当前位置的标注。

当用户知道自己在地图中所处的位置，可以减轻心理负担。在购物中心、建筑物、中等规模的导航环境中应提供"你在这里"地图。

现在带 GPS 定位系统的电子地图都可以做到这一点。

（3）旋转地图

旋转地图就是会随着用户的面朝的方向而旋转，以保证地图的方向与使用者前方一致，"上"与"前"对应，地图左右与前方左右对应。这样可以减轻人们在使用地图时的心理负荷。

例如，下图中，圆点代表用户，箭头代表用户的行进路线。固定地图是地图不动，地图上表示用户的点移动。

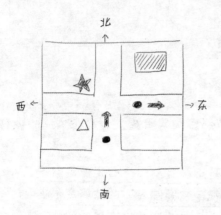

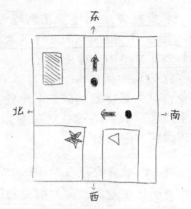

固定地图，当用户转向，地图的朝向不变。

旋转地图，当用户转向，地图的朝向也随之变化。

不过旋转地图也不是适合所有情况，当按照固定计划行驶路线和与其他人交谈时，使用固定地图更好。

四、数据可视化

现代的数据可视化指的是运用计算机图形学和图像处理技术，将数据换为图形或图像在屏幕上显示出来，并进行交互处理的理论、方法和技术。

很多人觉得统计数据很无聊，但如果将数据信息可视化，就是用图形表示出来，就很有意思了。例如，汉斯·罗斯林（Hans Rosling）用可视化的方法展示了 1969 以及 2003 年世界范围内不同国家人口出生率与人均寿命的关系。下图中，横轴为出生率，纵轴为人均寿命，圆圈的大小代表国家人口大小，最大的圆圈代表中国。

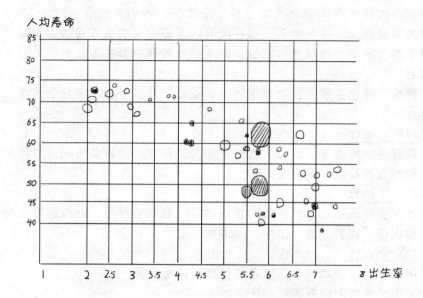

1969 年世界人口出生率与寿命的关系

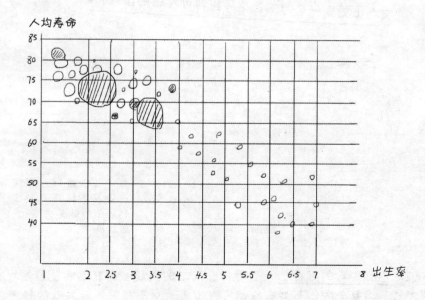

2003 年世界人口出生率与寿命的关系

上页的这个图再用动态的方式演示出来，人们就能看出过去40年里世界的发展状况，可以看到，几乎所有的圆圈都向左上方移动，也就是出生率下降，人均寿命延长，中国、印度这些发展中国家的发展变化尤其引人注目。

数据可视化主要是提供直觉的、交互的和反应灵敏的可视化环境，主要特点：

（1）可视性

数据可以用图像、曲线、二维图形、三维体和动画来显示，并可对其模式和相互关系进行可视化分析。

（2）多维性

可以看到表示对象或事件的数据的多个属性或变量，而数据可以按其每一维的值，将其分类、排序、组合和显示。

（3）交互性

用户可以方便地以交互的方式管理和开发数据。

心理学也常利用数据可视化，如：

（1）生物反馈：就是把求治者体内生理机能用现代电子仪器予以描记，并转换为声、光等反馈信号，因而使其根据反馈信号，学习调节自己体内的内脏机能及其他躯体机能、达到防治身心疾病的目的。

实质上就是一个对生理信号进行可视化的过程。

有的生物反馈程序用一朵花的慢慢开放来代表生理数据的变化，更加形象。

（2）人际关系的可视化：随着社交网站的兴起，研究者希望通过可视化的方式，将复杂的人际关系网络表现出来，从而揭示人际关系的秘密。

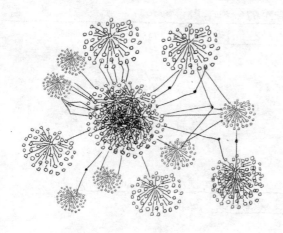

这是一个社交网络关系图，图中每一个节点代表一个人，每一条线代表两个人之间有关系。可以看出，社交网络是以少量具有多个连接的用户和大量具有少数连接的用户组成的。

网站设计人员也希望可以将个人的社交关系可视化，帮助人们在使用社交网络时能够更方便地认识并管理自己的人际关系网。

例如，在社交网站上，有这样一种应用软件，可以将每个人经常联系的好友以及好友的特点用图表示出来，如下图：

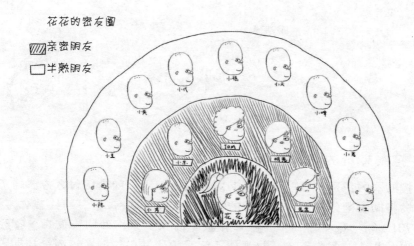

第二节　控制装置

控制装置的功能是人将控制信息传输到机器或者系统。

一、控制装置的分类

控制装置所传输的信息可分为：

(1) 离散信息：是指有限的分类信息，例如开－关，高－中－低
传递离散信息的称为离散控制器，包括：

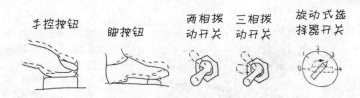

手控按钮　　脚按钮　　两相拨　　三相拨　　旋动式选
　　　　　　　　　　　动开关　　动开关　　择器开关

(2) 连续信息：连续不断的值，如速度（0－60km/h）
传递连续信息的称为连续控制器，包括：

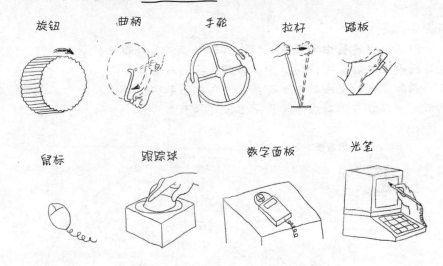

旋钮　　　曲柄　　　手轮　　　拉杆　　踏板

鼠标　　　跟踪球　　数字面板　　光笔

二、控制装置的识别原则

　　控制器的识别，本质上是控制器的编码问题，就是用什么方式将不同功能的控制器区分开来。最常用的编码方式有形状、位置、颜色、操作方法。

　　2012年，某小学门口，一位接孩子的家长误将油门当刹车，撞死一名八岁的学生，撞伤五人。这类由于错误识别油门和刹车这两个控制器而导致的事故数不胜数。

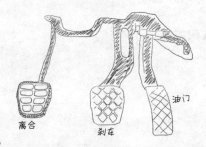

离合　　刹车　　油门

油门和刹车都是汽车驾驶中的控制装置，两个位置很近，且都是用右脚踩控。对于自动挡的车，由于没有离合器控制（就是左边的踏板），完全靠右脚在刹车和油门之间转换，很多新手司机会出现错把油门当刹车的错误，导致交通悲剧的发生。

在很多机器或系统中，正确识别控制器十分重要。在第二次世界大战中，22个月里，有超过400起空军事故是由于混淆了起落架控制器和副翼控制器导致的。

1. 形状编码

是指人们能够仅仅依靠触摸形状就识别各个控制器。

增压器　　　　灭火器　　　　化油器

很多机器的控制器在操作时，操作员是不能看的，比如汽车的油门、刹车、换挡装置，需要利用触摸来识别，就是采用形状编码。

着陆襟翼　　　　着陆轮

美国空军设计了 15 种不容易被混淆的控制器形状，这些控制器的形状跟它们的功能紧密相连，例如，着陆轮就是一个轮子形状。

2. 位置编码

位置编码是让操作员能够根据控制器的位置来进行识别。

油门、刹车就是属于位置编码，人们是依靠其位置对其做出判断。但是，不同控制器的距离必须要足够远，否则人们难以正确选择。那么，到底要距离多远才行呢？

费茨等人的研究表明，用手操作时，对于竖直布置的开关，应大于 6.3cm；对于水平布置的开关，应大于 10.2cm。也就是说，人凭触觉做出位置判断时，在垂直方向比水平方向要更准确。

对于用脚控制的油门和刹车，情况又有所不同。由于脚的控制精度比手低很多，想完全依靠油门和刹车的距离来判断的做法很不可靠。如果增大油门和刹车的距离，又会增加踩刹车的时间。因此，正确的驾驶是右脚一定保持放在刹车或油门的上方，当离开油门的时候，就将右脚放在刹车上方，而不能将右脚放在地板上，否则紧急状态下就会出现找不到刹车或者误把油门当刹车的情况。

穿高跟鞋开车，不仅影响踩刹车的动作，也影响对刹车和油门的定位。

3. 颜色和标签编码

颜色编码就是用颜色来区分不同的控制器。

例如，常用红色作为紧急停止的控制器。但是颜色编码的缺点在于必须要看到并识别出来，因此不适合需要盲操作的情况。

标签编码就是在控制器上注明该控制器的含义。在家用电器上十分常见。

要求速度的，用触觉可以识别的编码方式；不要求速度，但种类较多的，用视觉编码方式。

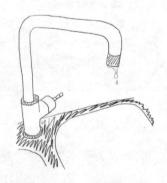

我是遥控器

标签编码的问题在于需要一定的时间去读，对于家用电器这种不考虑速度的设备来说，还可以接受，但如果对于对速度要求很高的机器，就不能用标签作为唯一的编码方式。

4. 操作方法编码

每个控制器必须有各自独特的操作方法，比如推拉式操作或旋转式操作，只有按这种方法操作时，控制器才能启动。

在设计控制器时，经常将两种编码方式组合使用。例如，在遥控器上，关机键基本都是红色的，而且大多在右上方或者左上方，这就是同时采用了颜色、标签和位置编码。

此外，在控制器设计中也应考虑与其他同类控制器的标准化。操作者可能在不同类型的机器或系统中频繁切换，要考虑使用统一的编码方式。

家里的水龙头，旋转操作是调节水的温度，往外扳动则是调节水量大小。

例如，手动挡的汽车用左脚踩离合，右脚踩刹车或油门。而自动挡的车没有离合器，只剩下刹车和油门。左脚就不用踩，只剩右脚工作。那么为什么不能将自动挡的车设计为左脚踩刹车，右脚踩油门呢？——当然不能这样，一个人开习惯了自动挡的车，一旦开手动挡的，油门、刹车位置都不习惯，那更容易出问题。

三、控制装置的设计原则

1. 控制运动时间——费茨定律（Fitts' Law）

费茨定律是关于时间、准确性、距离三个变量的关系：

鼠标在屏幕上的移动时间 $t = a + b\log 2(2A/W)$（A 表示移动幅度，W 表示目标宽度或指针指向的精度，a 和 b 是常数）。

$\log 2(2A/W)$ 称为<u>运动难度指数</u>（index of difficulty, ID）。

将手从起点移动到目标的时候，手移动得越快，到达目标越不准确。因此，如果目标很小，就得以很慢的速度移动。

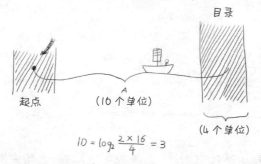

$$ID = \log_2 \frac{2 \times 16}{4} = 3$$

根据费茨定律，指点设备的当前位置和目标位置相距越远，用户就需要越多的时间来移动；而同时，目标的大小又会限制我们移动的速度，因为如果移动得太快，到达目标时就会停不住，因此我们不得不根据目标的大小提前减速，这就会减缓到达目标的速度，延长到达目标的时间。目标越小，就需要越早减速，从而花费的时间就越多。

2. 控制－反应比（C-R ratio）

<u>控制－反应比：控制器的运动与系统的反应运动的比值。</u>

在连续控制活动（比如移动鼠标、调节速度、转动方向）中，控制器的活动会导致系统的状态发生变化，也就是系统会做出反应。有时候这种反应不会显示在显示装置上（如转动汽车方向盘），有时候则会出现在显示器上（如移动鼠标）。

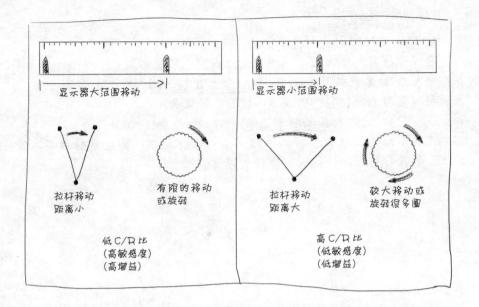

显示器大范围移动

显示器小范围移动

拉杆移动
距离小

有限的移动
或旋转

拉杆移动
距离大

较大移动或
旋转很多圈

低C/R比
(高敏感度)
(高增益)

高C/R比
(低敏感度)
(低增益)

C/R比小，移动动作范围小，系统的反应比较大，用户感觉系统很敏感；

C/R比大，移动动作范围大，系统的反应小，用户感觉系统不敏感。

人的控制活动一般有两种动作：一种是粗调，就是将控制部件移动到大致的位置；另一种是微调，就是将控制部件移动到精确的位置。前者希望系统的C/R比小，这样用户不用费很大力气，就能将系统调到目标附近；后者希望C/R比大，这样用户可以进行微调。

系统的最佳C/R比由控制器类型、显示屏大小以及其他系统参数共同决定。有研究表明，旋钮最佳C/R比范围为0.2—0.8，控制杆最佳C/R比范围为2.5—4。

旋钮比控制杆敏感，可能是因为旋转比推杆更容易移动微小的距离。

3. 控制器的相容原则

相容性是指机器或系统的关系与人们期望的一致。

(1) 空间相容性：把显示装置与控制装置安排为一致的形状和样式，能得到最佳的效果。

著名的四炉盘控制按钮布局方式：

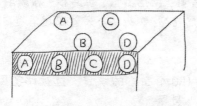

0 次错误／1200 次试用

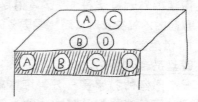

76 次错误／1200 次试用

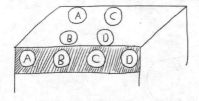

116 次错误／1200 次试用

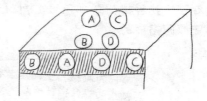

120 次错误／1200 次试用

瓦斯炉开关与瓦斯关的几种空间排列关系的兼容性比较

第一种效果最好。但即使炉盘是按下面的交错排列，也有办法让错误率降低，只要加上感知线就可以。如下图：

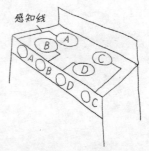

只要加上感知线，可以缩短反应时间，而且错误率几乎可以降到 0。

(2) 运动相容性：控制器的运动与机器或系统显示的运动方向一致。

人们对运动关系有一定的期望，例如按下按钮是接通，松开是断开；往前推是加速，往后拉是减速，等等。

但有时候各种关系之间会出现矛盾，例如，电力开关的习惯一般是向上代表开，向下代表关，Lewis 的研究发现有 97% 的人选择这种反应。但如果将开关变成左－右或者拉近－推离，选择向右代表开的人仅有 71%，而选择推离代表开的人只有 52%，因此用这两种开关控制方式会给用户带来很大的困扰。

四、数据输入装置

用于输入大量字符、数字等信息的装置，包括键盘、手写板、触摸屏等。目前的人机交互越来越需要更多的信息传递，数据输入装置也越来越重要。

1. 键盘输入

<u>键盘适合大量信息的输入。</u>

一个熟练的打字员一分钟可以输入 150 个左右的汉字，远远比笔写要快。因此键盘成为计算机时代的主要输入装置。

（1）标准键盘：就是最常见的键盘，是 QWERTY 排列。

看起来这种排列杂乱无章，为什么要采用这种排列方式？其实这是由于历史原因造成的。

于是，这种旨在降低打字速度的键盘逐渐成为主流，被普遍接受。

QWERTY 键盘的排列其实很不合理，例如，大多数人习惯使用右手，但这种键盘左手使用率远远高于右手，另外常用键也大多没有排在中间行，使人们被迫使用无名指、小指等力气较小不够灵活的指头。随着机械式打字机被淘汰，打字机已经能够跟上人们的打字速度，但 QWERTY 键盘的布局却已深入人心，难以改变了！

<u>其实反过来想，这样也很好，锻炼了平时不常用到的部位。</u>

(2) DVORAK 键盘

DVORAK 键盘的特点：(1) 左右手的负荷相等；(2) 中间排是使用频率最高的键。

```
~   !   @   #   $   %   ^   &   *   (   )   {   }   ←
    1   2   3   4   5   6   7   8   9   0   [   ]
Tab   :   <   >   P   Y   F   G   C   R   L   ?   +   \
      .                                       =
Caps Lock  A   O   E   U   I   D   H   T   N   S   -   Enter
Shift   :   Q   J   K   X   B   M   W   V   Z   Shift
        ;
Ctrl   Win   Alt                   Alt   Win   Meru   Ctrl
       Key                               Key
```

DVORAK 键盘是 1934 年一个叫 DVORAK 的人发明的。这种布局才是能够真正地提高打字速度，却一直没能流行起来。但 DVORAK 键盘也有缺点，例如 CH、TR、ST 组合不太顺手，对打字速度也有影响。

习惯的力量真可怕。

(3) 和弦式键盘

最常见的和弦式键盘就是手机键盘。每次要输入一个字母，可能需要按两次或三次键才能完成。

和弦式键盘比标准键盘的输入速度更慢，但是它却有一个巨大的优势：面积小，能够单手输入。

单手输入让人们可以边走路边发短信，容易撞到路灯柱，于是有人建议应该在路灯上包上海绵，防止人们撞上。

人机交互系统设计也不能完全迎合人们的习惯吧……这如果撞上的不是路灯，是车，怎么办啊?!

2. 手写输入

手写输入是随着计算机识别手写技术的发展而成为一种常见的输入形式。

手写输入适用于两种情况：
一是针对不熟悉键盘的用户。
例如老年人在使用电脑时，就更愿意用手写输入。
二是针对专门从事文档编辑工作的人员。

如编辑、老师，用手写的方式对文档进行修改、编辑，更快捷，也更容易学习。

与键盘输入相比，手写输入的图形化更强，因此更适合结构化地记录信息，本书采用手写笔记的模式，也是利用了手写输入的这种优点。

很多老师不喜欢在电脑上批改作业，认为还是在纸上改比较顺手。

3. 鼠标和触摸屏输入

鼠标和触摸屏都是定位装置。
定位装置：就是通过操作鼠标和触摸屏，将光标在屏幕上移动到某一个点。
类似的装置还有触控板（就是笔记本上的触摸板）、摇杆、触控点（IBM笔记本键盘中间的那个红点就是一种摇杆）、轨迹球。

鼠标是一种相对坐标系统，是以当前位置为基准来定位，它的视觉和操作是分离的，也就是手移动的位置和屏幕上的光标位置是分离的。

触摸屏是绝对坐标系统，是视觉和操作合一的定位系统，手的移动和屏幕的反馈是统一的，就像人们平时在纸上画线一样，用户看到的位置就是点到的位置，点到的位置就是实际的位置。

鼠标的优点：定位准确
鼠标的缺点：比较慢

触摸屏的优点：速度快，自然
触摸屏缺点：定位不够准

使用触摸屏的人都有感受，如果要在触摸屏上画图，用手指画并不合适，指点的位置总是与用户预期的有少许的差别。这是因为人的手指指点的时候，面积较大，手指本身就是不够准确的。

以前触摸屏一直不太被待见，就是因为反应不够灵敏，给用户的感觉不好。

触摸屏有不同的技术，一种叫电阻式触屏，通过压力触控，就是需要用硬物挤压屏幕，通常是触摸笔。如果用手指触摸，会感觉屏幕反应迟钝，不够灵敏。另一种叫电容式触摸屏，是利用人体的电位进行触摸，这种对手指触摸的反应更加灵敏，现在大量的高端手机都采用这种触摸方式。

触摸屏技术在过去的几年时间里迅速崛起，逐渐成为一种重要的电脑输入方式，甚至导致了一种新型电脑——平板电脑的产生。在过去几十年里，平板电脑一直是 IT 界人士的梦想，微软等公司为此投入了大量的人力物力，但一直没有流行起来。真正让平板电脑成熟的是苹果公司。它成功的原因有两个：一是采用了多点触控技术，使得触摸屏能够识别更多的手势动作；二是市场定位上，将平板电脑定位为放大的手机，而不是缩小的电脑，从而获得了成功。

这说明，人机交互产品的设计跟市场需求紧密联系在一起。

多点触控技术：是指屏幕能识别你的五个手指同时做的点击、触控动作。

我们知道一个手指能做的动作有限，可是五个手指衍生出的动作将是很丰富的。现在大部分手机、平板电脑都采用了多点触控的技术，使得触屏能识别更多更自然的人类手势，用户对触屏的喜好程度也更高了。

五、其他控制装置

1. 语音控制

人用语音跟机器说话，机器能识别并且做出反应。

人机语音对话是人机交互设计的终极梦想，在很多科幻电影里都有表现。然而在现实中，语音控制受到语音识别技术的限制，还不能做到与人进行自然的交互。但现在已经有一些零散的语音控制应用，例如开车的时候用语音来启动，操作 GPS 系统，用语音控制来开门。

2. 眼动控制

在第二章提到可以通过记录眼动来研究人的注意，除此之外，眼动也可以用来作为界面交互的一种手段。例如，通过眼动，用户可以在屏幕上进行点击操作（不动手，只动眼）。

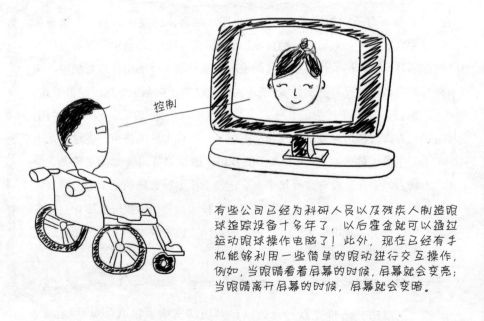

控制

有些公司已经为科研人员以及残疾人制造眼球追踪设备十多年了，以后霍金就可以通过运动眼球操作电脑了！此外，现在已经有手机能够利用一些简单的眼动进行交互操作，例如，当眼睛看着屏幕的时候，屏幕就会变亮；当眼睛离开屏幕的时候，屏幕就会变暗。

3. 意识控制

脑机接口：神经信号直接对机械装置的控制。

很多科幻电影里都有这样的装置：一个巨大的战斗机器人，人坐在里面操作，但并不是通过各种操作杆、按钮，而是人想象做出一个动作，战斗机器人也做出一模一样的动作。这就是一种意识控制。

研究者正在设计一套可以帮助残疾人获得运动能力的装置，这种装置将神经信号经过电脑转化成数字指令，进而控制机械外套（也称为外骨骼）的运动。

目前科学家们已经在动物实验上取得了成功，他们将电极芯片植入猴子的大脑，然后捕捉神经元信号，再将信号用于操纵外骨骼，经过训练的猴子可以通过操控大脑发出信号来指挥一个屏幕上的虚拟手臂。除了操纵外骨骼之外，使用者还将通过外骨骼上的信号检测器探测到有关动作的信号，从而获得"触觉"和"平衡感觉"，这样一来，使用者就能够感受到外骨骼肢体与物体的接触。外骨骼如能实现，将是瘫痪患者的福音。

也许以后医生就可以在千里之外操作手术刀了！

专题 2 汽车交通人因学

一、汽车人因学概述

(1) 绝大部分汽车事故（90%）与人的错误有关。

(2) 汽车驾驶的目标：效率和安全。这两个目标略有冲突。为了追求效率有时候会超速，超速会导致安全事故。交通人因学更重视安全。

(3) 人的因素包括：能见度、危险和碰撞、问题驾驶员、驾驶员训练和选拔等问题。

二、车辆道路系统任务分析

(1) 驾驶汽车是一种多任务操纵；

(2) 驾驶员的主要目的是到达目的地，包括速度选择、是否超车和车道选择；

(3) 驾驶是一种两维空间追踪任务：

横向：保持车道，可以被看做一个二级控制任务，包括：

观察前方的道路

保持车道

纵向：保持车速，一级追踪任务，包括：

内部目标：要快但不能失去控制

外部因素：其他车辆的行为，危险，交通信号

(4) 与安全有关的驾驶操纵绩效测量指标：

保持在车道内

控制速度

与前车保持安全距离

三、驾驶中的多任务操纵

(1) 最重要的任务：保持车道和道路危险的监控，要依赖主要视觉注意带（primary visual attention lobe, PVAL）。当视线离开主要视觉区域的时候，就可能产生危险。

(2) 次要任务：如车内看地图，收音机调台，与乘客谈话，打手机等。这些任务都可能与重要任务的视觉注意产生竞争，发生安全隐患。

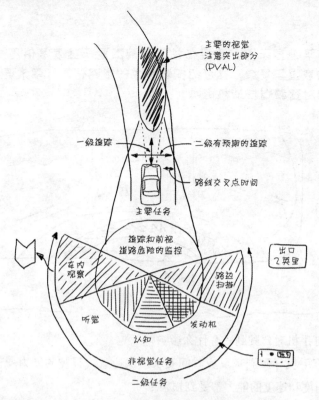

驾驶者的信息处理任务表征

(3) PVAL 区域内的可见性问题

① 人体测量学

座位的高度是否可调整，以便让驾驶员能够看到前方的危险。

② 照明

晚上驾驶的危险是白天驾驶的 10 倍。足够的高速路照明可以降低危险。

③ 标志

尽量减少不必要的标志，避免分散视觉注意力；

标志位置安排要一致；

清楚地确定标志的分类；

增加对比度，使标志能够被看到。

④ 资源竞争

收音机、地图、手机等都会造成分心；

通常用扫视次数和时间来描述视觉资源竞争；

根据统计，随着车内扫视时间增加，危险也增加了；

使用听觉显示器进行导航，减少视觉注意竞争，但即使听觉信息也存
在冲突；

采用平视显示器，直接在挡风玻璃上显示速度等信息（如图），但如果显示内容过于复杂，这可能掩蔽前方的道路信息，带来更严重的问题；

手机对驾驶存在消极影响。

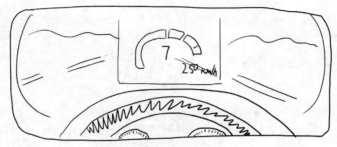

汽车挡风玻璃上显示的速度

　　打手机对驾驶到底有什么影响？

　　打手机导致刹车反应时间变长，保持直线行驶的能力变差，使控制轮胎角度和速度的能力都受到损害；

　　打手机减少了看后视镜的频率，对其他车辆的反应能力降低；

　　打手机也容易错过红灯；

　　年龄和性别会影响手机使用带来的分心效果，老年人和女性受手机的影响更大；

　　使用免提手机能够降低对驾驶的负面影响，但并不能消除；

　　如果司机意识到他们在打手机的过程中，驾驶能力受到影响，就会采取一定的策略来进行补偿，比如降低速度、增加与前车的距离等。

四、危险和碰撞

（1）控制失败

几乎所有的事故来自于两个原因：失去控制，以高速偏离道路；

在美国，近30%的事故是追尾；

偏离道路造成的死亡占40%以上。

（2）对危险的反应

知觉－反应时间，即刹车反应时间。包括发现危险、释放油门、踩刹车几个时间段，在真实道路上为1－2秒，平均1.5秒；

116

意料之外的事件造成反应时更长。

（3）超速行驶

超速的四重威胁：更容易导致控制失败；降低了发现危险的可能；增加了对危险做出反应之后的行驶距离；增加了碰撞的损害。

繁忙的高速路上，两车相距时间间隔1.32秒，而安全停车建议是2秒。

造成相距过近的原因可能是知觉（低估了真实的速度）和认知（高估了及时停车的能力）。

（4）危险行为

驾驶员过分自信，降低了对风险的评估；

即使经过严重碰撞之后，驾驶员只在事故类似的情景中有改变，且持续不到几个月。

五、问题驾驶员

（1）疲劳

夜间驾驶的又一个危险因素；

50%以上的卡车司机死亡事故与疲劳有关；

疲劳可能导致对意外事件反应不够，或者汽车行驶出现"漂移"。

（2）酒精

美国50%的车祸由于酒精造成；

血液中酒精含量在0.05%时就会出现反应变慢、追踪能力变差、注意分配变差、信息加工能力变差。

（3）年龄

年轻人和老年人的事故率都比较高，但原因不一样；

年轻人是缺乏训练，经验不足，过分自信；

老年人则是因为信息加工能力受损，包括反应时间较慢、注意范围有限、注意分配能力下降、视力下降等；

但老年人可以通过策略和计划水平选择来抵消这种不足（如选择不在夜间驾驶）。

六、提高驾驶安全性

（1）驾驶员的训练和选择

美国对18岁以下的驾驶员的驾驶权利进行限制，延长其训练时间；

对老年人要频繁进行认知能力测试，确保他们能够安全驾驶；

但老年人会采取保守的补偿性行为，因此有些老人虽然驾驶绩效低但碰撞率并不高。

(2) 各种安全措施及其效果

有时候提高安全的设计不能取得预期的效果，例如安装刹车防抱死系统（ABS）的汽车司机保持的距离比没有安装 ABS 的更短，抵消了 ABS 带来的安全收益；

各种新型的传感器和警告装置可以加强驾驶员对周围车辆的知觉，减少反应时间；

对道路标志和各种路口的设计要遵循统一的标准，以符合驾驶员的期待；

通过使用安全带、气囊、摩托车头盔等降低车祸的影响。

第五章 人与计算机的交互作用

第一节 人—计算机界面的历史

人—计算机界面：人和计算机进行信息交流的接口。

人—计算机界面 (Human-Computer Interface，简称HCI)：包括计算机科学、工程心理学、语言学等各领域的研究成果。

HCI研究目的：促进计算机界面使用更加高效、方便、易学。

早期计算机发展：解决硬件方面的功能问题。

现代计算机发展：人—机交互界面的设计，即开发更容易操作、易学习、功能完备、稳定性高的计算机系统。

计算机从一种高深的工具走向普通人的生活，人—计算机界面的进步功不可没。否则，一般人根本没有耐心去学习使用！

一、控制面板输入阶段

特点：计算机体积庞大，计算能力低，主要用于研究，未商业化。

界面：没有键盘之类的输入装置，也没有显示屏输出。依靠手动调节控制面板上的键来进行输入。

世界上最早的电子计算机是一台名叫 ENIAC 的大型机，1943—1945年建成。这台计算机可以称为庞然大物，放在一个170平米的房间里，30吨重，用了18000个真空电子管，耗电达到150千瓦。

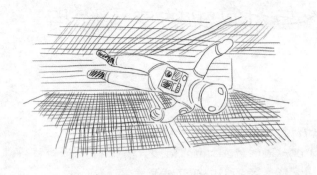

那个时候的电脑都非常大，以至于1968年著名科幻电影《2001：太空漫游》，幻想未来的电脑大到可以让人们在里面行走。

二、打孔纸输入阶段

特点：商业计算机开始出现，使用领域扩展了。
界面：使用穿孔纸带、卡片来接收输入和输出数据。

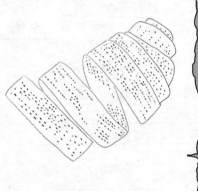

穿孔纸带就是在纸带上打上一系列有规律的孔点，让计算机可以读取和操作。穿孔纸带是二级制设置，有孔代表"1"，无孔代表"0"。根据纸带上的孔状态不同，就可以得到不同的信息。计算机通过穿孔纸带读入信息之后，就可以根据纸带的指令进行操作。计算结果同样通过打孔纸带输出。

那个时候的计算机都是大型机，提供多个终端，并给每个终端分配一定的时间。那个年代的大学生如果想用计算机，得到一个占地几层楼的计算中心去，向中心的工作人员提交事先制作好的打孔纸带或卡片，排队等待自己的程序被计算机处理。如果能顺利执行，学生会得到结果；如果输出是错误信息，学生还得重新跑一次。这时候计算机只是一种数据处理工具，人机交互界面的概念还未形成。

三、键盘鼠标阶段

特点：个人计算机出现（归功于微处理器）。计算机从大型电脑机房走向了个人的书桌。

界面：人性化，显示屏、键盘成为标准的人—计算机交互方式。呈现多媒体信息。

DOS 操作系统和图形操作界面

早期个人计算机仍然采用命令语言界面，称为 DOS 系统。DOS 在机器和人之间架起了一座桥梁，操作员不必去深入了解计算机的硬件结构，也不用再写"0101"的二进制代码，而是用一些语言命令来进行界面操作。

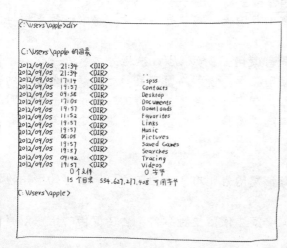

虽然 DOS 系统的计算机能够向用户及时呈现信息，提供数字、文字等信息，但还不能提供图形符号，而且由于要记住很多命令语言，限制了计算机的应用推广。随后不久，图形操作界面出现了，这种界面的特点是用图形化方式显示，来进行人—计算机的操作。图形界面对用户来说更加简单易学，让非专业用户不需要记住大量的命令，只需要通过菜单、窗口、鼠标点击或拖拽就可以进行操作，大大减轻了用户的认知负担。我们最熟悉的图形界面就是微软公司的 Windows 系统，以及苹果公司的 MacOS 操作系统。

人们再也不用埋头打孔了。

四、触摸屏阶段

特点：网络普及，计算机变得越来越小，逐渐从工作工具走向娱乐工具。

界面：触摸屏革命性地出现在计算机产品上，利用对多个手指的手势进行识别的技术而使得触摸成为一种新学的交互方式。

第二节　计算机软件设计的流程

计算机软件的设计包括三个阶段：理解、设计和评估，是一个循环过程。

一、理解系统和用户特征

1. 系统与用户的类型

对系统和用户的理解从三个方面着手：

用户使用软件的任务操作频率

对于高频使用，应该强调易用性；对于低频用户，易学性和易记性更重要。

有些软件人们几乎天天都使用，例如 Word 这样的文字处理软件；另外一些软件涉及的任务则使用较少，例如布置家具。对于使用频率高的软件，用户愿意使用一段时间来学习，也希望这软件的功能性强一点。对于使用频率不高的软件，用户则不愿意花时间学习，希望这个软件能够非常容易上手，功能也不复杂。

强制使用和自由使用

对于强制使用，应该强调易用性；对于自由用户，易学性和易记性更重要。

强制使用的用户是他们必须去使用这种软件，自由使用的用户则是因为自己选择使用软件。

> 某工厂开发了一套工艺管理系统，要求所有的车间管理员必须使用该软件输入信息，这就是属于强制使用。由于强制使用，用户可以花一段时间来学习，并且记忆操作步骤，因此对易学性和易记性的要求稍低，但是对易用性的要求较高。某家公司开发了一款音乐播放器，有些人愿意使用它来播放音乐，这种就是属于自由使用的用户。自由用户软件对易学性要求较高，这很容易理解，如果软件太复杂，用户就会转而投向其他功能类似但操作更简单的软件。

用户的知识水平

根据其对系统的知识可以将用户分为三种类型：

（1）新手用户：知道任务，但是不了解系统。

新手用户的软件应该易学易记，一般使用图标、菜单、触摸屏等图形界面，让用户通过直觉进行操作。

路过就可以用（walk up and use）系统

有一些系统会面向大量的新手用户，这些用户的结构非常复杂，认知能力和电脑水平大都很低。他们第一次走到系统前，就要独自完成某一任务的操作，面对这类用户的系统被称为 walk up and use 系统。例如，银行的 ATM 机，或者车站的自动售票系统等。这种界面最重要的就是要让绝大多数用户可以快速上手使用，因此必须要简单清晰、功能简单、提示性强。

例如，北京的地铁自动售票机界面的设计比较成功，界面简洁，操作流程符合人的心理模型，且非常简单，只需要三次点击就可以完成系统的操作。见下图：

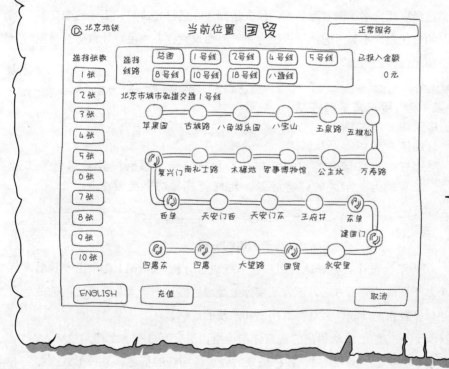

(2) 知识间歇型用户：知道任务，但是由于使用少，很难记住技术知识。

对知识间歇型用户应该尽量减少他们的记忆负荷，例如用菜单提示他们下一步的操作。这种类型的用户介于新手和专家之间。

(3) 专家用户：对任务和目标都很了解，也知道如何完成操作。

专家用户则希望能够快速高效地完成任务，因此需要一些快捷的但是需要耗费记忆的操作方式。例如，对于 Photoshop 这样一种复杂的专业软

123

件，每一种操作都可以用键盘上的快捷键来完成，虽然要记住这么多快捷键并不是一件容易的事，但专家用户可以做到只依靠键盘而不用鼠标就能够完成绝大部分的操作。专家用户之所以喜欢快捷键，一方面，是因为手不用在键盘和鼠标之间来回切换，可以大大提高工作效率；另一方面，使用快捷键也可以带来一种控制感。

专家用户的系统还需要特别重视准确性，就是尽量减少用户操作的错误率，尤其是对那些关系到生命的系统或者有重大财产交易的系统。

低级电脑操作，银行 2 分钟损失 400 亿日元

某公司在东京证交所上市的时候，该公司的交易员希望以每股 61 万日元的价格出售，结果却错打为 16 日元。虽然这个错误只持续了 2 分钟，但已经以此价格卖出 6 万多股，损失达到 400 亿日元。与其责怪这个交易员的责任心，不如考虑，是否因为系统界面设计存在不足，导致交易员犯下如此低级的错误？

---

2. 分析用户需求的方法

常见的分析方法：

(1) 用户分析

对潜在的系统用户特征进行描述，包括年龄、性别、教育水平、生理尺寸、生理能力、相关的任务经验、对同类产品的熟悉程度等。

基于剧情的分析

为了让设计者更好地对用户和系统进行分析，Caroll 提出了一种名为基于剧情的分析方法。该方法实际上是通过描述一个人与系统之间的故事以及各自的活动，来获得对用户和系统的理解。

这种方法要求从用户的观点详细地给出：交互过程的全部角色（人、设备、数据源、系统等）、各种场景的假设、剧情的描述、某种形式（如用事件表来刻画用户动作、设备响应、事件叙述、事件处理、动作结果等）的人机对话逐步分解、其他各种条件（如：协议、同步、例外事件等）等等。

角色的设计是重点，要求具体化，有非常详细的背景，但通常不采用真实的人物。例如，某公司要为国际航班的乘客设计一种电影播放系统，设计了四个角色：

Chuck Burgermeister：商务旅行人士。一位10万公里俱乐部的成员，几乎每周都要坐飞机。Chuck的飞行经历意味着他既不会容忍复杂、耗时的操作界面，也不能容忍面向初学者的操作界面。

　　Ethan Scott：9岁男孩，第一次无人陪伴旅行。他只想玩游戏。

　　Marie Dubois：商务旅行者，英语是她的第二种语言。她喜欢浏览购物和娱乐部分的内容。

　　Clevis McCloud：一位脾气古怪的老人，他虽然年迈但是仍有精神。手腕有关节炎，不太灵活。没有电脑，也不会操作电脑。

　　角色设计之后，再通过任务环境描述和剧情描述，获得对用户需求的理解。当系统设计完毕之后，可以再做一次剧情描述，这次的剧情将系统放入进来，主要探讨人们在使用新系统中可能遇到的问题。

　　又比如，一个针对学生课堂学习笔记的软件，研究者设计了一个名为John的学生，并描述了关于John的一个故事：

　　John想在上课的时候做笔记。虽然教师说这些PPT在课后会挂在网上，但他希望确保自己抓住了最重要的知识点。在教师开始上课之前，John就启动了手机上的笔记应用程序。这个程序自动记录了当前的日期、时间和课程。在上课过程中，他可以按1－2个按钮，来录音或者拍照。记录之后，系统运行他对所记录的内容用关键词标注。下课回家以后，他可以复习这些笔记，与从网上下载的课程PPT同步。他可以用关键词进行搜索，将每节课按照课程或者时间进行排序。

　　通过这个描述，设计者对用户的想法、需求、使用环境有了较为直观的认识。

(2) 环境分析

　　环境分析包括系统使用的光线、声音、社会环境、穿着类型等等。

　　例如：某公司想生产一种老人用的紧急呼叫器。它们设计的产品是斜挎式，即用一个背带挎在身上。这种方式老人就很难接受，谁愿意整天在身上挂一个东西呢？如果改成手表式的就会好很多，但也会有另外一个问题，冬天的时候，老人穿的衣服都很多，有可能会使得呼叫器被藏在衣服袖子里，紧急情况下难以拿出。

(3) 功能和任务分析

定义用户群体之后，就要对系统的功能进行分析。

自动售票机的功能可以描述为用户选择并购买车票等。

不同的计算机软件功能差异很大。功能就是指计算机系统可以做的事情。软件的功能并不是越多越好，功能越多意味着操作界面越复杂，用户也会需要更多的时间去学习。因此，设计者必须想办法在系统可用性和用户学习软件的努力之间找到平衡，也就是要做到<u>功能性与易用性的平衡</u>。

例如，Photoshop 是一款功能非常强大的图像处理软件，但对于一般的用户来说，如果只是需要对照片调调色彩，稍作修补，这款软件就显得过于复杂了。因此，这类用户会选择更加简单的、专门针对普通用户的图片编辑软件，这类软件可能只有为数不多的几种功能，但胜在易学易用，功能也符合用户的需求。

客户是这样解释的　　　项目经理是这样解释的　　　程序员是这样编写的

商务顾问是这样描述的　　　软件是这样安装的　　　客户真正的需求是这样的

问题在于，很多时候，用户也不清楚自己的需求究竟是什么。

任务分析是对用户要做的工作、职责、活动进行分析。

例如，自动售票机的任务分析可以列出一个用户操作列表，包括选择线站、选择张数、投币、出票等。

任务分析应包括的基本信息有：用户目标、产品功能、达成目标的主要任务、信息需求和结果等。

任务分析通常要将其分解成子任务，然后利用列表对相关信息进行描述。例如，对一款数码相机进行任务分析，可以采用如下任务分析提纲：

步骤1　确定对某一物体的最佳拍摄角度

A. 选择要拍摄的物体

B. 调整相机位置

C. 调整最佳采光角度

步骤2　相机准备

A. 移除相机盖

B. 打开开关

C. 选择合适的拍摄模式

步骤3　拍摄

A. 取景

B. 对焦

C. 按下快门

二、用理论和模型进行设计

认知模型的目的：在软件界面设计的过程中，设计者常常会面临这样的困境：如何判断几种界面哪一个最合理，最符合人的心理模型，能让人们最自然、高效地完成任务？精心设计的评估当然能给出最正确的答案，但是需要将界面开发完成才能进行，这样会浪费大量的人力物力，还需要心理学家的协助。如何能让设计人员在开发前就正确地预测出界面的效果？

这些模型能够提供人类行为表现的工程模型，在理想状态下，它们可以在开发的早期阶段而不是测试阶段就提供对人的行为的量化预测，可以预测执行时间、学习时间、错误数，以便为设计提供依据。模型可以在不同的水平上进行分析，使设计者可以用最小的努力来获得对设计环境最合适的预测。计算机的设计者应该是可以直接使用的，不需要额外的心理学训练。

1. 行为的七阶段模型

用户都是通过一系列的活动来完成任务。

包括：①提出目标；②形成一个意向；③确定活动顺序；④执行该活动；⑤觉察系统状态；⑥解释这种状态；⑦根据目标和意向评价这种系统状态。

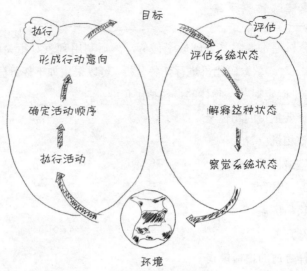

七阶段模型给系统的设计提出了以下问题：

（1）用户是否能够知道系统的功能？

（2）用户是否能够说出哪些操作是可行的？

（3）用户是否能够将操作意向转变成肢体动作？

（4）用户是否能够执行该操作？

（5）用户是否能够说出系统现在的状态？

（6）用户是否能够说出系统现在的状态是否正常？

（7）用户是否能够解释现在系统的状态？

以上的问题可以总结为评价系统的四个原则：

（1）可见性。用户能够说出系统的状态，以及说出可以做的操作。

（2）好的概念模型。设计者为用户提供一个良好的概念模型，系统的呈现、操作、结果具有一致性。

（3）良好的映射。在操作和结果之间、系统状态和所呈现的状态之间有明确的联系。

（4）反馈。用户能获得所执行操作的反馈。

2. 用户绩效模型：GOMS 模型

为了预测人的行为，必须对他需要完成的任务进行分析。GOMS 模型主要是从以下四个方面来分析如何完成一个任务。

G：goal，目标。指用户希望用软件在下一个时刻做什么？

目标通常有不同的层次，可以分成若干子目标。如在合作写作中，最高水平的目标就是完成论文，子目标可能包括完成初稿，送交第二位作者，修改，等等。目标和子目标可以按层次排列，不过并不一定要很严格。

O：operation，操作。指软件允许用户采取的操作。

操作可以是知觉的、认知的、动作的，或者是三者的组合。以前的命令行界面，一个动作操作通常是一条命令和参数；现在的图形界面，操作通常是指按钮、鼠标选择等等；而以后可能是姿势、眼色、语音等等。

M：methods，方法。是子目标和操作的一种顺序，可以组合起来完成一个目标。

如果目标是层次结构的，相应的方法也应该是有层次的。

S：selection rules，选择规则。如果完成同一目标需要的方法不止一种，就需要选择规则。

选择规则是个人的规则，用户会按照这种规则决定在特定的环境下使用什么样的方法。

GOMS 的提出者们认为，可以利用任务的完成时间来比较不同输入方式之间的差异，而他们在研究中发现，完成一个任务的时间就是一系列基本操作任务的完成时间相加。因此经过精心设计的实验，研究者们对一系列的基本操作任务的完成时间进行了测定，可以根据这些基本时间来计算出任务的完成时间。下面列出几种基本操作：

K = 0.2sec，键击，即敲击键盘上一个键的时间；

P = 1.1sec，指向，在屏幕上指向某一位置的时间；

M = 1.35sec，思维准备，用户需要思考下一步的动作；

R ，反应，用户需要等待的计算机的反应时间。

通过任务分析，将界面的操作任务分解成一个一个小的子操作任务，按照一定的顺序组合起来，然后将各个子操作的时间相加，得出任务总时间，就可以比较不同输入方式所需要的时间了。

格雷（Gray，1993）等人使用 GOMS 模型评估了一个新的电话操作工作站，发现新的图形用户界面反而降低了操作者的速度。用模型对界面进行分析，发现虽然新系统的总按键次数虽然较少，但关键路径的按键次数更多，而且功能键的间距和结构也不合理，迫使操作者只能用右手来进行选择。种种原因最终导致新系统的操作时间变长而不是缩短了。

GOMS 模型的局限：

仅用速度指标来评价一个界面，忽略其他因素。

一个界面的优劣并不只是与任务完成时间有关，还涉及很多其他因素，例如，文字是否易读、屏幕布局是否合理、菜单图标是否易辨认等等这些人体工程学的基本问题；界面是否容易让用户出现操作错误；新手到熟练用户的学习过程，即界面是否容易学习；是否容易产生认知超载和疲劳；个体差异在界面中的表现差异；等等。

GOMS 所做的任务分析和表现预测都是低水平的，忽略了更广泛的工作环境，即社会环境或者系统环境对界面使用的影响。

尤其在当前网络迅速普及，网上协同工作成为必然的情况下，必须考虑到网络社会环境对用户的影响。另外 GOMS 也没有考虑用户的情感，即用户的偏好和接受程度，显然有趣的界面比枯燥乏味的界面更容易让人接受，尽管有时候在完成效率上可能不如后者。

3. 普遍性的设计指导原则

除了使用模型来指导设计，还有一些在设计中需要遵守的普遍原则：

① 系统状态的可见度

系统应该始终在合理的时间以适当的反馈信息让用户知道系统正在做什么。

② 系统和现实世界之间的吻合

系统应该用用户熟悉的词、短语和概念，而不是程序员才懂的术语。遵循现实世界中的惯例，让信息以自然的、合乎逻辑的次序展现在用户面前。

③ 用户控制和自由

用户经常错误地选择系统功能，所以在不需要查看由于误操作而延伸出来的对话的情况下有一个明显地标志为"紧急退出"的操作来离开不想要的状态。另外，系统需要支持"撤销操作"和"重做"的功能。

④ 一致性和标准

用户不必去担心是否不同的词、情形或动作意味着同一件事情。例如，Ctrl-Z 意味着撤销操作，在绝大多数的系统中，都符合这一含义。

⑤ 能够预防错误的发生

一个事先就能预防问题发生的细致的设计要比好的错误提示信息好得多。

⑥ 识别而不是回忆

使每个对象、动作和选项都是可见的。用户从对话的一部分到另一部分的过程不必去记忆信息。系统使用说明在任何适当的时候都应该是可见的或者很容易被获取。

⑦ 使用的舒适性和高效性

⑧审美感的和内容最少的设计

设计要符合审美感，对话中不应该包含无关的或者很少需要的信息。任何一个对话中的额外信息会严重影响对话中相关的信息并降低这些相关信息的可见性。

⑨帮助用户识别错误、诊断错误并从错误中恢复过来

错误提示信息应该用简单的语言而非代码来表达，正确恰当地指出问题所在，并建设性地提供一个解决办法。

三、对系统进行评估

可用性测试的方法包括对原型或产品的评估。

<u>原型</u>：一个对系统的模拟。在设计的初期，软件还没有编出来，这时候设计者将界面的想法制作成索引卡、标签、图片等，这就称为原型。

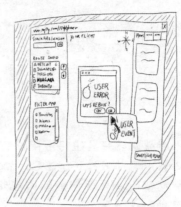

一个软件界面的纸上原型

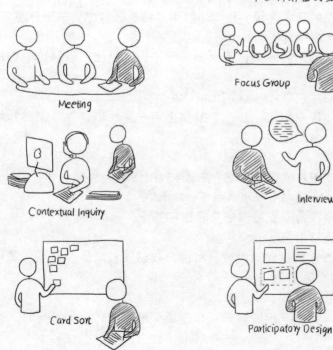

Meeting

Focus Group

Contextual Inquiry

Interview

Card Sort

Participatory Design

131

Paper Prototyping

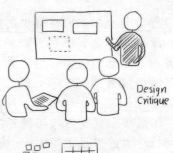

Design Critique

Usability Test

Data Analysis

对原型或产品进行可用性测试包括：

（1）卡片分类（Card Sorting）

观察用户是如何理解内容和组织信息，用来帮助你的网站（产品）更合理地组织信息。

（2）情境访谈（Contextual Interviews）

走进用户的现实环境，让你了解用户的工作方式、生活环境等等情况。

（3）角色模型（Personas）

构建一个虚构的人来代表大部分用户，设计团队围绕这个虚拟人物设计开发产品。

（4）单独访谈（Individual Interviews）

一对一的用户讨论，让你了解某个用户是如何工作，使你知道用户的感受、想要什么和他的经历。

（5）用例（Use Cases）

描述某个用户使用你网站（产品）时的情况，包括目标和行动。

（6）启发式评估（Heuristic Evaluation）

组织一些行内专家对网站产品进行指导。

（7）问卷调查（Surveys）

利用网上或纸张的问题列表对用户进行发放填写，从而收集用户对网站（产品）的反馈意见。

（8）焦点小组（Focus Groups）

组织一组的用户进行讨论，让你更了解用户的理解、想法、态度和想要什么。

(9) 可用性测试 (Usability Testing)

请用户来试用产品，有任务性地完成测试，并记录用户的反应，从而得到你所想要的东西。这是目前使用最为广泛的一种评估方法，毕竟不管怎么样，用户的实际使用效果才是最终的评价标准。

下图是在进行可用性测试的时候，需要收集的数据：

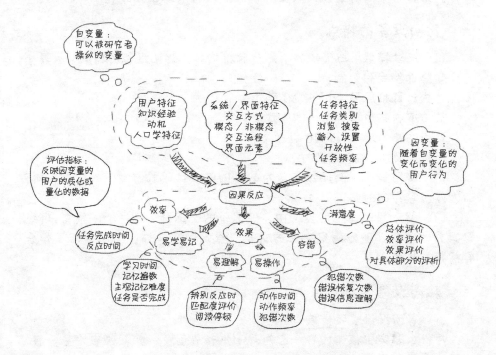

专题3 移动设备的界面设计

移动设备包括：手机、平板电脑、掌上游戏机等。

计算机发展的趋势：移动设备迅猛发展，大有替代传统个人计算机的趋势。计算机交互界面设计的重心也逐渐向移动设备交互界面转移。

一、移动设备的特点

（1）尺寸特点：与传统的个人计算机相比，移动设备的特点：屏幕小，显示和操作都受到限制。

台式计算机屏幕：17 — 30 英寸；

笔记本电脑屏幕：11 — 15 英寸；

平板电脑屏幕：7 — 10 英寸；

手机屏幕：3.2 — 7 英寸。

（2）使用特点：移动设备多为碎片时间、片段式阅读（如在银行排队的时候、等车的时候）。

（3）移动设备常见用途：由于能显示的文本少、图片小，通常只能满足娱乐的需要，部分满足交流的需要，难以用于工作。所以多用于娱乐、看视频、打游戏等。

二、移动设备的设计原则

（1）界面设计：突出核心内容

为什么要突出核心内容？因为移动设备界面小，如果内容太多，容易让用户抓不到重点。

例如，图中两个程序的功能相同，左边产品将很多功能都放在了一个界面上，显得杂乱无章。右边则只简单列出了最核心的几种功能。后者用户体验大大好于前者。"显示就是精华"，这是移动设备界面设计最核心的原则之一。

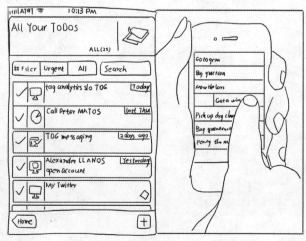

(2) 移动设备的主要交互方式：手势（gesture）

① 使用手势的原因：直接（direct）、自然（natural）、直观（intuitive），而且可以采用更多的操作系统的动作。

人机交互界面追求的目标：自然、高效的交互；

自然的交互有两种：语言交互和非语言交互；

非语言交互包括：面部表情和手势。

为什么用手势来进行人机交互？

自然语言理解不能做到很准确，而且不能在多人场合使用语言交流；

面部表情通常用来传达情感信息，但对于"把图片放大"这样的指令无法用面部表情来表达。

如果两个人不能说话，要交流信息，那一定是会用手比划的，说明手势能够传递信息。

② 什么是手势？就是包含信息的动作。

例如：再见的时候摆手，是一种手势；按下一个键，这不是一个手势，因为敲击键盘的动作并不明显，如果看不见按的是哪个键，就不知道这个动作的意思。

③ 手势的分类：

交流手势，例如，竖起大拇指，表示"好"的意思；

操纵手势，例如，在触摸屏上将手展开，这是表示放大。

移动设备常用手势（二维手势，在触摸屏上）：

| Tap | Drag | Double Tap | open pinch | close Pinch | long Touch |

轻按（Tap）；

拖移（Drag）；

连续两次轻按（Double Tap）：将图片或内容放大至原始尺寸并居中，再次操作则恢复到预设尺寸；

双指张开（Open Pinch）：将图片或内容等比扩大；

双指捏合（Close Pinch）：将图片或内容等比缩小；

长按（Long Touch）：通常用来触发某种次要的控制功能，例如在可编辑文本中显示放大视图，或是使应用图标进入可被拖移和删除的状态等。

④ 手势与键盘相比：手势更快、更直接且容易学习，但不够精确。如何提高手势操作的准确性？

点击最小尺寸：通常认为 44×44 点是可点击元素最小尺寸。（受手指影响）

解决方法：

扩大点触区域。点触的按钮看起来很小，但实际上点触摸的有效范围比按钮要大。

当目标对象过小时，用户触摸按键，在指尖触击点的上方，将系统接受到的点用放大的效果反馈给用户。

⑤ 三维手势：未来的发展方向？

如图：一个人在用手势指挥另一个人完成一项工作。以后，计算机能够通过摄像机记录人的手势并识别这些手势，让人们可以不必通过触摸板就能够与计算机进行交互。

三、使用隐喻——让人更容易理解，计算机交互更加自然

隐喻（metaphor）：对真实世界的模拟。用户在使用系统之前，都已经有了一些关于任务的知识，系统的功能、显示和用户已有知识的联系，能够帮助用户迅速学会使用系统，并改善用户的体验。

例如，Windows 操作系统中的"文件夹"、"剪切"、"复制"，都是对现实世界的隐喻。

使用隐喻的好处：直观生动，不需要学习。

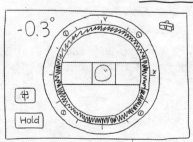

例如，某移动设备上的水平仪程序，为什么一定要有一个气泡在中间？

水平仪：现实生活中，人们利用水朝低处流动的特性，可以用水来对某个表面是否水平进行判断。

手机可以用来做水平仪，但是它是利

用手机内部的位置感应元件。

这个程序如果不用中间的水泡，也完全能够完成功能（见左上的角度值）。但用了水泡，就在人们对现实世界的经验和系统功能之间建立了联系，更加自然，更加容易理解和学习。

使用隐喻的局限：有时候寻找恰当的隐喻可能较为困难，有时候人们对世界的联想有差异。

例如，在 Mac 系统中，就没有和 Windows 系统一样对文件进行"剪切"的功能，就是因为 Mac 的设计者并不认为"剪切"是现实中文件操作的隐喻。例如，如果你在办公室要操作一个纸质的文件，那剪切一定是剪切"内容"，如果你要把整个文件拿到另外一个房间，那应该叫"移动"才对。很多使用 Windows 的用户对 Mac 系统的这种隐喻很不习惯。

四、直接操纵

含义：用户直接控制界面中的交互对象，就像他们在现实世界中控制物体一样，而且获得即时的反馈，不必通过某种输入设备（如鼠标）来控制。

例如，真实世界中，拿起一个杯子来喝水；打击一个物体，这个物体表面会凹陷。

在以往的计算机界面中，大量使用了间接操纵。

间接操纵：要修改一个方形的大小，通过点击尺寸界面，输入新的数值；

直接操纵：直接拖拽方形，将其拉大或者缩小。

例如，手机阅读软件翻页的时候，可以用点击的方式进行翻页，也可以用模拟现实世界的翻页方式，即用手指按住页面，然后向左或者向右滑动。后者是典型的直接操纵。

直接操纵的优点：让用户与交互对象直接互动，没有障碍，大大改善了用户的体验。

第六章　人体测量与工作空间设计

第一节　人体测量

人体测量：是指了解人的基本尺寸。

工具、机器、工作环境的设计中，要让其物理尺寸符合人的使用，必须首先了解人的基本尺寸。

兄弟，没有我，你以为能接起来？

刘慈欣的科幻小说《白垩纪往事》描述了一个由蚂蚁和恐龙共同发展起来的高科技世界，在这个世界里，蚂蚁负责完成精细的工作，而恐龙则负责进行思考和研究。后来两个群体闹翻，蚂蚁罢工了，恐龙试图做蚂蚁的工作，发现根本不可能。

即使在幻想的世界里，依然存在工程心理学的思想。每一个准备拿起工具的生物都要考虑一件重要的事情：这个工具到底要多大才好用？

一、人体差异性和统计特性

1. 差异性

年龄差异：人在未成年之前，身体逐渐增高。成年后变得基本稳定。

对于未成年的人来说，年龄对人的尺寸有很大的影响。对成年人来讲，这个影响就很小。

为不同年龄阶段的孩子往往要设计不同尺寸的产品。

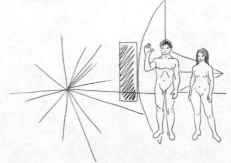

20世纪70年代美国发射的两个太空探测器上携带刻有右图的金属盘，其中有两个裸体的男女，是为了向外星人说明地球人的模样。看得出来，男女的身高差别10—15厘米左右。

性别差异：我国男女之间的平均身高相差为 10 厘米以上。

种族差异：各国人的身高差别很大，例如一般来说美国人比中国人和日本人高。

种族差异造成了不同国家的机器、设备尺寸也不同。

比如美国人的汽车比较大，而日本汽车的尺寸就要小很多。汽车制造商在出口汽车时，就要考虑目标国家人群的体型特征。

职业差异：不同职业的人在人体尺寸上可能存在差异。

中国人的身高具有明显的城乡差异，农村居民的身高显著低于城市居民，在青少年身上最为明显。但是在北美地区则正好相反，美国和加拿大的农民比城市男性要高，而且腿更长。

美国农民需要操作大型农业机械，身高力壮的人更适合做这项工作。

可能是因为高个子的人更愿意选择农民这个职业？

年代差异：随着生活水平的提高，人的平均高度也在增长。

据统计，我国 17 岁城市男生的身高从 1979 年的 168.6 厘米增加到2000 年的 172.8 厘米。

2. 统计特性

绝大多数人体测量数据符合正态分布。

平均数和标准差是正态分布的两个关键参数：

平均数，就是正态曲线中间的位置；

标准差，决定正态曲线的陡峭或者扁平程度。

百分位：表示具有某一人体

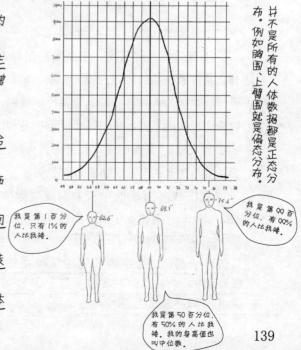

并不是所有的人体数据都是正态分布。例如胸围、上臂围就是偏态分布。

我是第 1 百分位，只有 1% 的人比我矮。

我是第 99 百分位，有 99% 的人比我矮。

我是第 50 百分位，有 50% 的人比我矮。我的身高值也叫中位数。

尺寸和小于该尺寸的人占统计对象总的百分比。

在工程设计中，常用百分位数表示人体测量数据：

偏态分布包括：正偏态和负偏态。

正偏态分布：集中位置偏向数值小的一侧；

负偏态分布：集中位置偏向数值大的一侧。

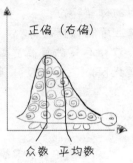

正偏（右偏）　　　　　　负偏（左偏）

众数　平均数　　　　　　平均数　众数

偏态分布

二、中国人的人体测量

我国现行的人体测量数据国家标准是 1988 年颁布的《中国人成年人人体尺寸》GB10000—88，很多设计都参照这个标准中的数据。但是现在中国人的身高已经有了很大变化，必须重新修订。

人体主要尺寸分为静态尺寸和动态尺寸。

（1）静态尺寸：是人体处于固定的标准状态下测量的，包括站姿、坐姿、跪姿、卧姿、爬姿的不同尺寸。

手臂长度、腿长度、坐高等都是静态尺寸，它对与人体直接关系密切的物体有较大关系，如家具、服装和手动工具等。主要为人体各种装具设备提供数据。设计不同的产品时应考虑人的不同部位的尺寸，例如各种工具的设计应考虑人手的尺寸，头盔的设计要考虑人头部的尺寸，自行车的设计要考虑人的身长、手长、脚长等。

我国成年男子的中位数身高（近似于平均身高）是 167.8 厘米，我国女子的中位数身高是 157.0 厘米。

（2）动态尺寸：是人在进行某种功能活动时肢体所能达到的空间范围，它在动态的人体状态下测得。包括关节的活动、转动所产生的角度与肢体的长度协调产生的范围尺寸。

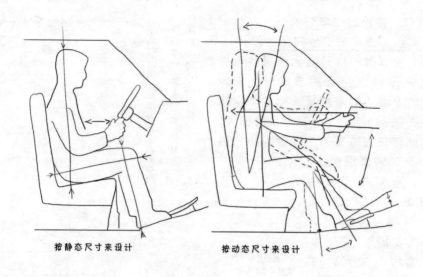

按静态尺寸来设计　　　　　按动态尺寸来设计

动态尺寸对于解决许多带有空间范围、位置的问题很有用。

三、人体尺寸在工程设计中的应用

1. 设计界限值的选择和满足度

在设计的时候，到底应该满足多大范围人群的需要呢？这就是设计界限的含义。

很多产品的设计并不需要满足所有的人，例如中国人的身高在1.7米左右浮动，1.8米左右的身高也不少见，但像姚明那样2.29米的人就非常罕见了。我国的建筑要求住宅室内高度不低于2.4米，这个高度对姚明并不合适，但对绝大多数人来说都是足够的。

设计界限的一般原则：

(1) 民用产品的设计界限取P5—P95，满足度为90%；

(2) 军用品的设计的满足度应超过90%；

(3) 对可能危害健康的产品应尽可能加大满足度，99%（如逃生门）；

(4) 对于一般的上限确定性产品，取P95；

(5) 对于一般的下限确定性产品，取P5；

(6) 对于取一个满足度难以解决问题的，采用系列化的方法，如服装。

为什么不设计成100%呢？不怕一万就怕万一，要是一个大胖子堵在门口，大家不都逃不出去了？——因为建造是有成本的。

2. 按设计任务分类

(1) 上限确定性产品的设计

当设计不当只会给极端的人带来不利时，可上限来设计。例如室内高度，如果过高，对矮个子没什么影响，但低了对高个子有影响，因此可用上限来作为设计标准，例如用 95% 来设计。

通常在设计时用 95 的百分位，也就是保证 95% 的人没有问题，只有 5% 较高的人不合适。不过要考虑到产品使用的目标人群的平均身高，如果目标群体比较特殊，那就得特别注意了。

传说牛顿给家里的猫开了大小两个洞……

儿时牛顿

专洞专用，你用大洞太浪费。

我们为什么不共用一个大洞？

2012 年伦敦奥运会，奥运村的床居然只有 173cm 长，90cm 宽！难道奥组委的人错把全世界的身高数据当成了奥运会运动员的平均数据吗？

(2) 下限确定性产品的设计

有些情况要考虑另一侧的极端值。例如安全网眼、栅栏、步行街障，安全网眼小了，对大个子的人来说没有影响，但安全网眼大了，小个子的人就容易漏出去，因此需要用下限来作为设计标准，例如用 5% 来设计，有时候用 1%。

142

(3) 双限确定性产品的设计

当某一设计会给两个极端的人都带来不利时，就要考虑双限确定性产品设计。例如汽车驾驶员的座椅设计，可以考虑满足中间一部分人，如95%的人的要求，这时我们就应根据双侧百分点来设计，最高的2.5%和最矮的2.5%就被排除在外。

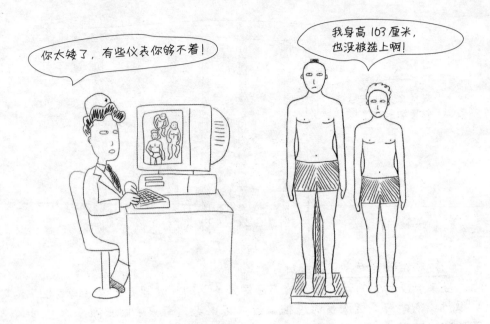

(4) 均值确定性产品的设计

当过大过小或过高过低都会造成使用不方便时，这时可按平均尺寸设计，这样可以把不适应的人减少到最低限度，如门的招手等。

3. 产品尺寸设计的步骤和方法

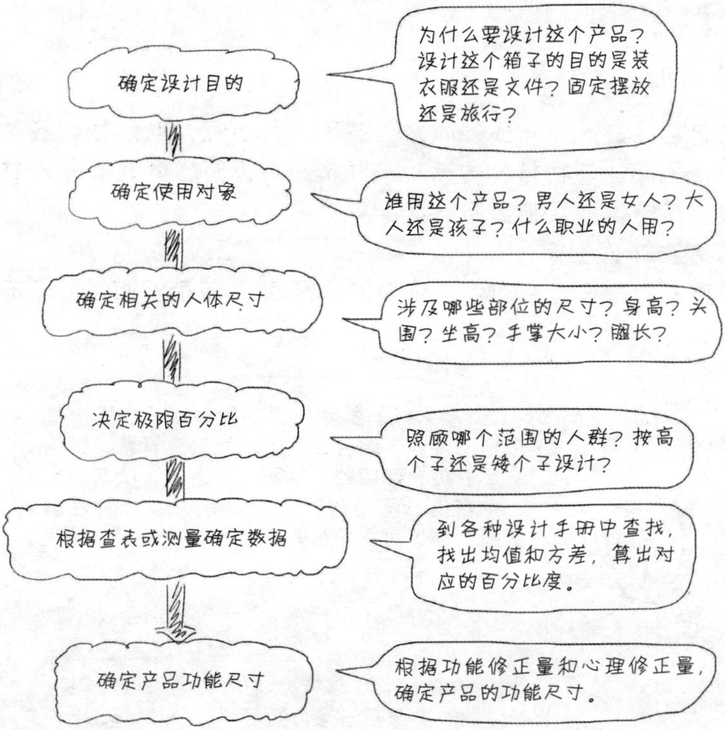
确定设计目的
为什么要设计这个产品？设计这个箱子的目的是装衣服还是文件？固定摆放还是旅行？
确定使用对象
谁用这个产品？男人还是女人？大人还是孩子？什么职业的人用？
确定相关的人体尺寸
涉及哪些部位的尺寸？身高？头围？坐高？手掌大小？腿长？
决定极限百分比
照顾哪个范围的人群？按高个子还是矮个子设计？
根据查表或测量确定数据
到各种设计手册中查找，找出均值和方差，算出对应的百分比度。
确定产品功能尺寸
根据功能修正量和心理修正量，确定产品的功能尺寸。

产品的功能尺寸：是为了确保实现产品的功能而在设计时所规定的产品尺寸。

人体尺寸是在躯干保持正直的姿态下测得的，但是人在正常情况下会变换不同的姿势，因此要对原尺寸进行修正。比如，鞋应该比测得的脚的尺寸大2—2.5cm。

产品的心理修正量：是为了消除使用者的空间压抑感，或者增强安全感。

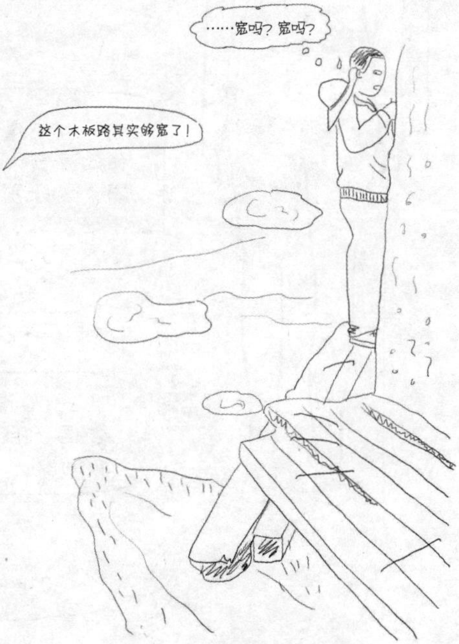
……宽吗？宽吗？
这个木板路其实够宽了！

第二节 工作空间和布局设计

一、工作空间设计

工作空间要保证人在工作的时候，不用太费力气，就能达到各种工具和加工部件。因此，要根据人的活动尺寸来进行设计。如果有多人共同在一个区域内，还要保证互相之间不至于干扰。

1. 垂直方向工作空间

人在垂直方向的作业空间可以划为五个区间，每个区间适用于不同的工作。

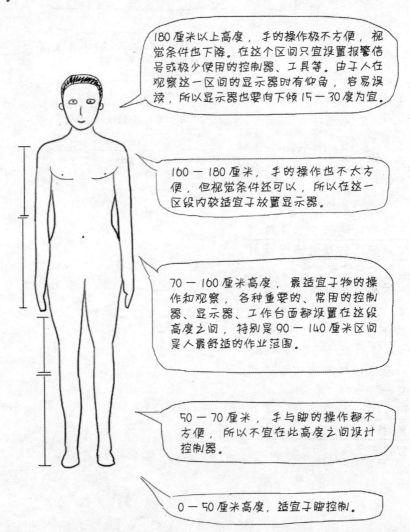

180厘米以上高度，手的操作极不方便，视觉条件也下降。在这个区间只宜设置报警信号或极少使用的控制器、工具等。由于人在观察这一区间的显示器时有仰角，容易误读，所以显示器也要向下倾15—30度为宜。

160—180厘米，手的操作也不太方便，但视觉条件还可以，所以在这一区段内较适宜于放置显示器。

70—160厘米高度，最适宜于物的操作和观察，各种重要的、常用的控制器、显示器、工作台面都设置在这段高度之间，特别是90—140厘米区间是人最舒适的作业范围。

50—70厘米，手与脚的操作都不方便，所以不宜在此高度之间设计控制器。

0—50厘米高度，适宜于脚控制。

2. 水平方向工作空间

坐着工作时，理想的工作范围：以两个肩膀为支点，以35—45厘米为半径的两个半圆之内，其次是以55—65厘米为半径的两个半圆之内。

人在工作时所需要的所有东西都应放在这个区间，如果放在其他区域，使用的时候就会比较费劲。

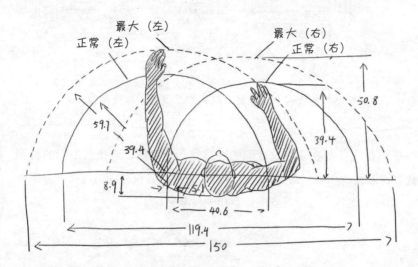

二、布局设计

元件：指在空间中需要布局的最小实体。例如当布置办公室的时候，桌子就是一个元件；而布置手机按钮的时候，每个按键则是一个元件。

在布局元件的时候，有以下通用的原则：

(1) 重要性原则：重要的元件应布局在便利的地方。重要是指对完成系统目标十分重要。

手机按键中，最重要的就是"拨出"和"挂断"键，因为手机最重要的功能就是打电话。因此在手机设计中，这两个键在中间位置，也是当一只手握着手机的时候，大拇指最容易按到的位置。

(2) 使用频率原则：经常使用的元件应放在便利的地方。

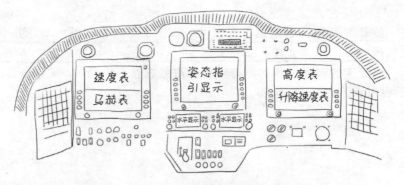

在飞机控制和显示面板上，飞行员需要随时注意的姿态指引显示放在视野的最中心，其次是高度表和速度表，放在两边。

下图是飞行员在飞机仪表间的眼睛移动示意图，连接线中间的百分比代表该连接的频率。例如，飞行速度和方向回转仪之间的连接百分比为16%，意味着这两个显示装置的内容相关度非常高。

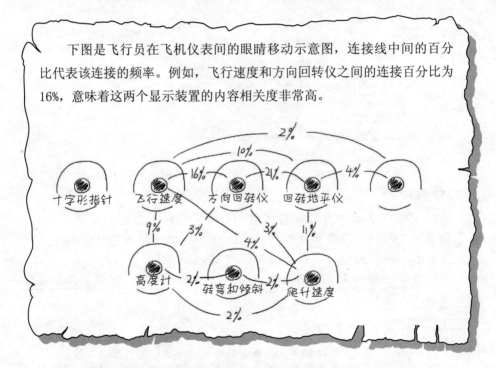

(3) 功能原则：将功能相关的原件放在一起。

仪器的控制器和显示器按功能分组来进行布局。

（4）使用顺序原则：按照元件的使用顺序来布置元件。

原则在设计应用中优先考虑的优先级：

重要性原则和使用频率原则主要是对元件在整个空间中的大致区域进行定位，使用顺序和功能性原则用于更具体的布局。

如果任务要求每次都需要按照一个固定的顺序来进行操作，那么就应该将使用顺序原则放在第一位，这能够使任务完成的时间最短。但如果并没有固定的顺序，或者对时间要求并不是很高，那么就应该考虑用功能性原则来布置元件。

根据人的感知能力、人体尺寸，每个元件最好都能放在最佳的位置上。但当我们有许多元件需要布置的时候，就不可能做到每个元件都是最佳位置。而且，有时候有些要求会互相矛盾。比如，将一个控制器放在最容易操作的位置，但有可能就跟其他同类的控制器或者与之相关的显示器分离开了。因此，设计者不得不综合考虑，根据系统的需要，做出一定的妥协。

三、常用家具的设计原则

1. 工作面设计

工作面高度是指作业时手的活动高度。

不一定等于支撑面的高度，因为工作件本身是有高度的。

工作姿势是决定工作面的高度的主要因素：立姿、坐姿、立坐交替。

例如，使用计算机的时候，键盘有一定的高度。所以，工作面高度通常比支撑面高度更高。

（1）立姿

立姿作业时，肘部自然下垂，前臂与上臂成直角的时候最合适。

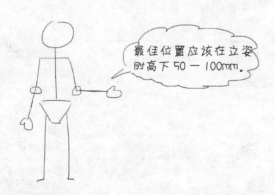

最佳位置应该在立姿肘高下 50 — 100mm.

男性：平均立姿肘高 1050mm，站立作业面 950 — 1000mm；
女性：平均立姿肘高 980mm，站立作业面 880 — 930mm。

其他影响因素：

作业面是否放置工具——降低 100 - 150mm；

作业需要身体用力——降低 150 - 400mm。

比如揉面的时候，就需要比较低的案板，最好是比腰部还低一些。

作业面是否需要支撑身体重量，降低臀部肌肉紧张——等于肘高。

(2) 坐姿

影响坐姿作业面高度的因素：

头 - 颈部与作业面的夹角；

眼睛与视觉对象的距离；

上身前倾时的舒适平衡。

桌面太低，导致头 - 颈夹角太小，容易引起颈部肌肉疼痛。

需要精细作业的时候，眼睛要离作业对象近，因此桌面高于肘高。

采用倾角可调的作业面，能够满足人们调节头 - 颈角度、眼睛距离、上身姿势的要求。

(3) 坐立交替

坐姿和立姿的比较：

	好处	缺陷
坐姿	身体下部的负荷较小，且容易控制手臂运动。	后背和腰椎的负荷较大，且膝和脚部所需空间较大。
立姿	活动区域较大，背部受力较小。	腿部肌肉紧张，体力消耗较大。

坐立交替：作业活动的需要，或者要通过变换姿势使肌肉得到休息。

设计原则：以立姿的尺寸为依据设计工作面，同时提高座椅高度并增加一个放脚的台子，使坐姿也能正常工作。

坐立交替的工作台

2. 座椅设计

工作椅的设计必须要让使用者长期保持坐姿而不容易觉得疲劳。

在各种椅子中，工作椅对是否符合人体工程学原理的要求最高，尤其现在坐着工作的人越来越多，座椅的设计也越来越重要。

中国古代的椅子设计通常更多考虑表现使用者的身份地位，对人体工程学原理考虑较少。这也可能是因为古代人坐的时间不如现代人这么长。

坐姿对身体的影响：对脊柱的形变压力和对臀部的压力。

座椅设计的原则：

应能够缓和坐姿时脊柱形变压力和臀部压力——合适的座位面倾角和靠背倾角；

尽量采用自然姿态——通常用颈垫、腰垫；

尺寸合适——高度、宽窄要符合使用者的尺寸；

安全和舒适——稳固，不易倾翻，进出自由。

第三节　工作空间中的人际交流

本节内容可对照《社会心理学笔记》相关部分一起学习。

一、办公室中的活动

人们在办公室内主要从事的活动是影响办公室设计的重要因素，良好的办公室设计应该让这些活动能够非常方便地进行。

办公室活动的分类：

认知方面	社交方面	过程方面	身体方面
信息开发与收集 信息存储与检索 阅读与校对 数据分析与计算 计划与进程安排 做出决定	打电话 下达指令 协商 会议 *写邮件 *在线聊天	填写表格 检查文档	整理和检索 书写 处理邮件 走动 复印 分拣与递送 输入电脑 填写日程表 使用各种设备

*随着互联网的发展，新出现的办公室社交活动。

现在有电脑，很多工作都可以在电脑上进行了。

不同职位的人在各种活动中所用的时间也是不同的，如下表：

交流类型	总裁	经理	知识工作者	秘书
面对面	53	47	23	忽略
文书	27	29	42	55
电话	16	9	17	20
其他	4	15	18	25

可以看出，行政职位越高，交流的时间也越多；行政职位越低，文书工作的时间也越多。事实上，很多管理人员都有这样的感受：每天的工作时间大部分就是在跟各种人谈话或者开会。因此，行政人员的办公室设计，应考虑提供一个不被打扰的谈话空间。而对于一般职员来说，大部分时候在进行资料的收集、整理工作，因此要保证能够与各种文件和文件处理装置（如打印机）快速接触。

二、办公室的三种类型

1. 小办公室

在改革开放以前，我国的办公室基本是机关大楼，都是一个一个的单间，根据职务高低，每个房间里有1-3个人不等。

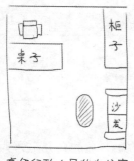

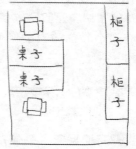

高级行政人员的办公室　　　　　　　　一般行政人员的办公室

2. 大办公室

改革开放之后，写字楼进入中国，单个办公室变成了大办公室，在这种格子间，各个办公桌之间有隔断，形成一个个较为独立的空间。

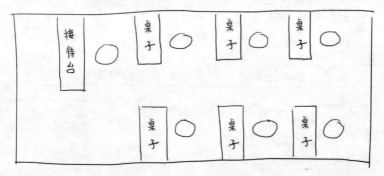

大办公室和小办公室各有优点和缺点：

	小办公室	大办公室
优点	安静 干扰少 亲密人际关系的发展	空间宽敞 利于工作上的交流讨论
缺点	空间小，较压抑 如果关系不好，会更加孤独	嘈杂 容易被打扰 缺乏隐私保护

两种办公室的优缺点正来自于人两种互相矛盾的需求，一方面人希望有自己不被打扰的空间，另一方面又需要能够随时跟其他人进行交流。为了兼顾这两种需求，出现了第三种办公室，即在大办公室的基础之上进行分隔，形成半封闭的个人工作空间。

3. 分隔的大办公室

这种办公室中，三四个人组成一个小的区域，每个人既有一个独立的办公空间，又可以很方便地开展讨论。

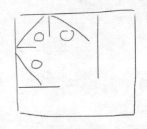

三、办公室中的人际交流

1. 个人心理空间

个人心理空间是指以个体为中心的不容他人侵犯的无形界限的空间。

个人空间圈就像围绕着人的一个气泡。一方面，当有其他人闯入个人空间圈的时候，会造成不舒服的感觉；另一方面，如果与人交流的时候，离空间圈太远，则会觉得交流不畅。

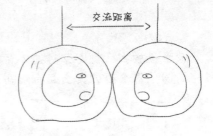

个人心理空间的特点：

不是固定的，随情景变化而变化；

与交流对象有关；

有文化差异，总体上西方人比东方人的人际距离小一些。

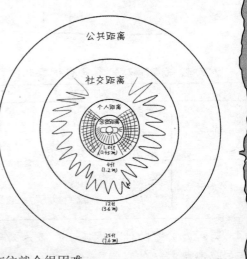

亲密距离：0－15cm，关系亲密的人，如密友、爱人或亲人。此外，在决斗场合，敌对双方也可能使用此距离。

个人距离：近端45－75cm，远端75－120cm。进入近端内的是熟人且关系较好，进入远端的是一般的人际交往。

社交距离：近端120－200cm，远端200－360cm，通常用于商业和社交接触，如隔着桌子的会谈。超过这个距离，交往就会很困难。

公共距离：360－750cm，在较正式的场合，比如教师上课，报告人演讲。公共距离基本无法进行沟通，一方通过视觉和听觉向另一方传递信息。

男性间的人际距离大于女性，男性对女性的人际距离大于女性对男性。
说明男性面对男性时警惕性较高，但面对女性时较为放松，而女性正好相反。

2. 交往空间设计
(1) 座位的位置和距离
根据欧斯蒙德（Osmond）的研究，在长方形餐桌上，有三种位置之间的联系最多，如图，依次为 A-F，B-C，C-D。在其他位置上，几乎不会发生交流。

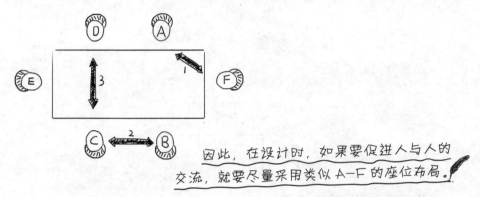

因此，在设计时，如果要促进人与人的交流，就要尽量采用类似 A-F 的座位布局。

社会离心布局，不鼓励交流　　　社会向心布局，鼓励交流

直角布局，适合交流，也可以不交流。

采用向心布局的情况：需要独立思考、工作，不喜欢交流；
采用离心布局的情况：需要沟通、谈话，有社交交往的需求；
半向心布局：可以在交流和清净之间自由选择。

（2）常见的办公室设计

客户来访的位置设计

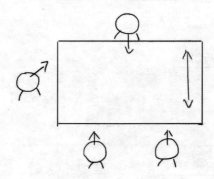

心理咨询的桌椅设计

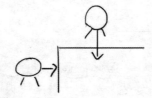

上下级谈话的桌椅设计

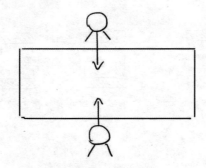

四、办公室设计的个性化

1. 个人领域

（1）个人领域：是个人周围的一种有形的界限。

与个人心理空间不同，个人领域一般有明确的界限，如住宅周围的篱笆、办公室的屏风、课桌上的书包等。个人领域小到桌子，大到国家，规模差别很大。

（2）个人领域分类

首属领域：由个人或群体拥有，是基本的、重要的、必不可少的，如卧室、办公室。受到拥有者的完全控制，在心理上极其重要。

次级领域：只涉及生活中一部分的群体所拥有，如小区绿地、办公室的公共区域、教室。

公共领域：对所有人开放的地方，如公园、广场、商店、火车站。

（3）领域标志物

领域标志性的强弱依次为：墙体、屏障、标志物。

墙体：完全隔离出两个空间；

屏障：如屏风、柜子、帘子等，半分隔，通常只阻挡视线而不阻挡声音，人们即使分开也能联系；

标志物：如标志牌、各种物品、装饰风格变化、雕塑等等。

（4）建立个人领域的意义

建立个人领域可以使人们增进对环境的控制感，并能对别人的行为有所控制。

因此在办公室、住宅设计中，应尽量为人们提供一种具有领域感的空间。

2. 办公室的个性化

个性化：指员工对自己拥有的办公环境进行装饰或重新安排的程度，以反映他们的个人特征。

办公室的个性化就是宣布个人领域的一种方式。有研究表明，个性化能够提高工作满意度。

在全球范围内，Google公司员工办公室的个性化非常有名，公司甚至给他们发100美元，让他们根据个人喜好来装饰自己的办公区域。

但并不是所有的公司都允许办公室个性化。影响公司允许办公室个性化的因素：

（1）公司的性质，即公司是创意型的公司还是传统的商业公司。

一般来说，创意型的公司更愿意鼓励员工个性的表达，因为这些公司的主要竞争力就是他们的新思想和创造力，而创新就需要一个宽松的、个性能够张扬的环境，因此鼓励个性化办公室确实能够显著提高员工的工作效果。但是传统的商业公司，例如一家做外贸进出口的公司，需要的是井井有条的工作流程、一丝不苟的办事风格，这些公司不提倡员工个性的发挥，他们更愿意办公室看起来像其工作内容一样整洁。他们的领导者通常认为凌乱的办公桌会降低工作效率，因此会要求员工保证办公桌面不得摆放任何私人用品，包括照片、装饰物等等。不过如果抛开工作效率，不管哪种公司，员工在个性化的工作环境中能够拥有较强的个人领域，有助于提高员工对公司的归属感和对环境的控制感。

（2）办公室的开放性，即办公室是开放性的还是封闭式的。

相对开放性的办公室来说，封闭式办公室更容易接受个性化的装饰。

大办公室里所有的东西都能看到，如果办公区域都是个性化的呈现，会显得非常混乱。因此，很多公司不允许员工在个人办公领域内摆放私人物品。

第四节　工作空间的照明与噪音

一、工作空间的照明

1. 照明的测量

（1）光通量（Luminous Flux）：光源在单位时间内发射出的光量（单位为流明，即 lm）。

这是针对光源而言，描述的是光源的大小。

（2）光照度（Illuminance）：1 流明的光通量均匀分布在 1 平方米表面上所产生的光照度（单位为 lx）。

是针对被照物体而言，但并不是被照物体反射的光，所以与被照物体的反射无关。

（3）亮度（Luminance）：对发光体或被照射物体表面的发光或反射光强度实际感受的物理量（单位为尼特，nit）。

是人对光的强度的感受，这是一个主观量。

影响亮度的因素：

（4）光源强度

有些物体本身是不放光的，那么亮度就是与反射光线强度有关，如书本；有些物体本身是发光的，亮度与光源本身的光线强度有关，如屏幕。

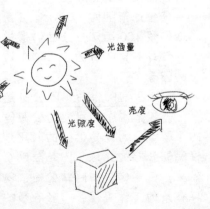

（5）光源和被照物体的距离

直接光：直接光把它的 90% 的光以光束的形式直接照在目标上，产生很明显的背影，背影和光之间的对比很明显。过度的对比就会产生眩光。

（6）间接光：非直接光源把它的 90% 或更多的光送到天花板或墙上，然后再反射到房间里。这个系统要求墙壁和天花板的颜色要淡。

2. 照明光源的性质

（1）光源包括：热辐射光源（白炽灯、卤钨灯）和放电光源（荧光灯、汞灯）两大类。

（2）光源颜色：涉及色表和显色性两个方面，色表是人眼直接观察光源所看到的光的颜色，用色温来进行描述。

(3) 显色性：光源对物体颜色呈现的程度称为显色性，也就是颜色的逼真程度。

显色性高的光源对颜色的再现较好，我们所看到的颜色也就较接近自然原色；显色性低的光源对颜色的再现较差，我们所看到的颜色偏差也较大。

	发光效率	相关色温	显色指数
白炽灯 (500w)	20 — 30 流明／瓦	2900	95 — 100
荧光灯 (日光色40w)	65 — 78 流明／瓦	6600	70 — 80

3. 照明对工作绩效的影响

(1) 照明量对工作绩效的影响

照明主要影响与视觉有关的工作绩效。

照明水平的增加，导致工作绩效提升，但这种提升会越来越小，直到工作绩效稳定，不再随着照明的增加而增加。

不同作业的稳定点不同，一般来说，作业难度越大，达到稳定点的照明水平越高。如图：

照明对作业绩效的影响，与年龄有关，照明量对老年人更重要。

虽然作业绩效会趋向稳定，但继续提高照明可以使作业的心理负荷减小。

但高水平照明也可能会降低作业绩效，尤其是需要进行外围探测时，中央作业亮度过高会降低绩效。

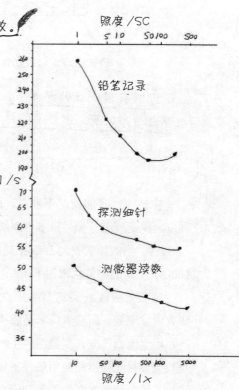

159

(2) 照明光性质对视敏度的影响

自然光优于白炽灯；在60Lx强度以下，白炽灯优于荧光灯；60Lx以上，白炽灯和荧光灯无差异。

在7.5cd/m²时，高压钠灯和高压汞灯优于荧光灯和白炽灯。

(3) 照明光性质对视觉疲劳的影响

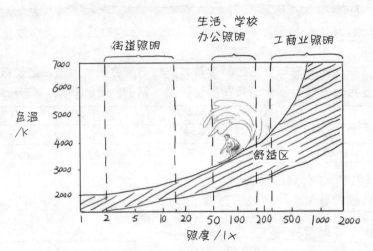

照明水平、照明光性质和光色视觉舒适感的关系

可以看出，在低照度下，舒适的光色是接近火焰的低色温光；在高照度条件下，舒适光的色温是接近正午阳光或偏蓝的高色温光。

是什么在影响工作效率？

在光线很暗的情况下看书，眼睛很快就会感到疲劳，可以增加照明强度，视觉疲劳减少。日本一家纺织公司，原来用白炽灯获得的照明强度为60LX。当改用荧光灯后，在耗电相同的情况下获得的照明强度增加到150LX，工人的产量也增加了10%。

霍桑效应就是1924年左右在对车间女工进行环境对工作效率影响的研究中发现的。研究者原本是想探讨照明与工作绩效的关系，但发现无论外在因素怎么改变，实验组的生产效率一直维持在很高的水平，有一组甚至在类似月光强度的照明条件下依然保持着高生产效率，研究者对此百思不得其解。历时九年的实验和研究，学者们终于意识到了人不仅仅受到外在因素的刺激，更有自身主观上的激励。在这个实验中，当实验组的女工被抽出来成为一组的时候，她们就意识到了自己是特殊的群体，是试验的对象，是这些专家一直关心的对象，这种受注意的感觉使得她们加倍努力工作，以证明自己是优秀的，是值得关注的。从霍桑效应我们可以看到，物理环境对工作绩效虽然有影响，但更应该考虑的是员工的动机等内在因素。

（4）照明水平对视觉作业绩效的影响

在速视条件下（呈现时间250毫秒），照明水平对不同笔画数的常用汉字辨读绩效的关系为：汉字易读度在 10 — 100Lx 时变化较大，在 100 — 1000Lx 时变化较小。

汉字易读度：汉字笔画的倒数。

（5）照明分布对视觉作业效率的影响

照明分布是指整个视场中不同照明区域的照明水平分布情况。照明分布不均会妨碍视觉作业绩效。随着亮度分布不均匀性增加，仪表判读工效降低（张彤、朱祖祥，1990）。

4. 眩光

眩光定义：当观察目标的亮度太大，或者观察目标与背景之间的亮度差别过大会产生眩光。

眩光的后果：会引起瞳孔变小，使对象与背景间的对比减弱，对视敏度产生不良影响。

产生原因：光线与周边环境的差距过大。

现代都市大量高楼使用玻璃幕墙，这种墙体能够反射大部分日光，强度很大，远远超出人眼的承受能力，司机突然觉得头晕目眩，看不清前方路况，容易引发车祸。

有什么解决办法？比如，改变墙面的形状，让光线向天空反射，或者用反射率不那么高的玻璃。

夜晚开车的时候，如果对面来车使用远光灯，强烈的灯光也会产生眩光，使司机看不清楚周边的情况。在汽车行驶中，这种暂时的视力受阻极易导致交通事故。现在很多司机，特别喜欢在市区或者高速路上一路开着远光灯，对面来车的司机特别容易受影响。

如果要设计一个工作间，背景灯光的使用就不能太暗，否则电脑屏幕的亮度会让眼睛容易酸疼。

二、工作空间的噪音

1. 噪声的含义

物理含义：噪声是指由多种声音混合而成，频率和振幅杂乱无章，无一定规则的非和谐音。

心理含义：使人烦躁的声音，干扰人的工作、学习和休息的声音。

2. 噪声的来源

自然界的声音，如风雨声、打雷声。

工业生产的声音，如交通噪声、生产机械的噪声、社会生活噪声。

3. 噪声的测量

声压：声音的物理强度，表示声波传播媒质发生疏密变化时产生的压力。

声压越大，声波包含的能量越多，声音强度越强，传播距离越远。

声压单位：帕（Pa），相当于 1 牛顿力／平方米。

人的听觉阈限为 2×10^{-5} 帕，只有高于这个声压，人耳才能听到。

声压级：$Lp = 20Lg(P/P0)$，记做 dB。

国际上统一地把人耳刚能听到的声压（即 0.00002 帕）定为 0 分贝，并把它作为测量声音的参考基准声压（P0）。

常见声音的 dB 值

飞机起飞：120 分贝

"大声"播放 MP3：112 分贝

电钻声：100 分贝

嘈杂的办公室：80 分贝

闹市：70 分贝

一般交谈：50 分贝

树叶掉落：10 分贝

4. 噪声的强度与频率

人感觉到的声音大小，不仅与声压级有关，也与声音的频率有关。如果声压级相同，高频的声音比低频的声音听起来更响亮些。

5. 噪声的影响

（1）导致听力损失

当人听到较高的和持续时间较长的噪音时，就会失去一些听力，表现在听不到较低的声音。如果只是暂时地暴露在噪音中，这种听力损失很快就能恢复；但如果持续多次，就可能导致永久性的听力损失。一般认为在八小时的工作时间里，平均噪音水平应不超过85分贝。

（2）影响作业效率

噪音对简单作业的影响较小，对复杂作业的影响较大。

在同一个噪音环境中，噪音对脑力工作的不良影响更大，尤其是对需要用到很高的技能的工作和需要解释信息的工作有负面影响。

当听者能够控制或者预测他所听到的东西时，噪声的消极作用会降低。

如果能看到噪声来源并预测噪声的产生，噪声的消极作用会降低。

如果看不到噪声来源并预测噪声的产生，噪声会严重干扰工作。

163

提前收到噪音的警告，会降低噪音的消极作用。这可以解释，为什么自己制造出来的噪音，并不会使人特别烦恼，因为他能够预测并控制这种噪音的产生。所以，在控制噪音的同时，要注意提高人们对噪音的预测。像上图这样，将噪音源（例如机床）放在身后，用屏风简单隔开，比噪音源在前方的影响更大，因为人们看不到后面机床的运作，无法对即将产生的噪音进行预防。

但噪声对作业也可能有正面影响，因为它能够引发人的注意，提高人的警惕性。

例如，老年人在安静环境中的作业效率不如年轻人，但在噪音环境中的工作效率比较好。

噪音导致人的血压升高，心跳加快，新陈代谢加快，消化功能减弱，这些反应实质上是使得人在声音刺激下警觉性提高的结果，是一种自卫的本能，但是如果长期处于这种紧张状态，就会影响身体健康。

（3）引起烦躁、焦虑等不愉快情绪

人在噪音环境下情绪会受到一定影响，但这并不是绝对的。一般来说，不熟悉的、间断性的噪音比熟悉的、连续性的噪音更加令人烦恼；一个干扰人的睡眠或者干扰工作的噪音更让人感到心烦。人的主观认知也会影响噪声的干扰效应。例如，人们对宠物的叫声和婴儿的哭声就跟人的经历有关，有宠物或孩子的人更容易忍耐宠物或婴儿的声音。

噪声强度 /dB(A)	45	55	65	75	85
烦恼度	0.21	0.33	0.60	0.76	0.84

6. 噪声的控制

（1）噪声的控制主要从三个方面着手：

控制声源

如改进机器设计，减少摩擦，采用吸声、减震、安装消音装置等方法。

控制传声渠道

如建立隔声屏障，使用吸声材料等。

保护噪声接受者

佩戴耳塞、耳罩等护耳器，减少在噪声中的暴露时间等。

（2）噪声的控制标准

完全消除噪声是不可能的，只能控制在某一个水平上。

根据我国在 1980 年的时候颁布的《工业企业噪声卫生标准（试行草案）》，其中规定新建、扩建、改建企业的噪音标准如下：

表1　新建、扩建、改建企业参照表

每个工作日接触噪音时间	允许噪音（分贝）
8	85
4	88
2	91
1	94

表2　职业性噪音暴露时间和听力保护

连续暴露时间	允许噪音声级
8	85 － 90
4	88 － 93
2	91 － 96
1	94 － 97
1/2	97 － 102
1/4	100 － 105
1/8	103 － 108

第七章 工作中的生理学

第一节 能量代谢

人的工作压力一方面来自于生理即体力上的压力，另一方面来自心理的压力。本章主要探讨的是工作活动中的体力付出，及其带来的后果。

一、肌肉生理学

1. 肌肉动作基本原理

肌肉的功能是产生力和形成运动，因此肌肉是行为的生理基础。

人的肌肉结构分三类：平滑肌、心肌和骨骼肌。

骨骼肌：对体力作业起直接作用，人体有 600 多块骨骼肌。

骨骼肌的收缩使得骨骼像杠杆般运动，从而产生运动。大多数骨骼肌的收缩是受意识控制的。

肌纤维收缩：每块肌肉都是由许多肌纤维组成，长度从 0.5cm 到 30cm 不等。当人的大脑发出动作指令时，神经脉冲进入这些组织，使得肌纤维产生收缩。

肌肉收缩时，会产生电子脉冲。电子脉冲能够用放在皮肤上的电极探测到，这称为肌电技术 (electromyography, EMG)。

微血管将氧气和营养物质带给肌肉，带走肌肉活动产生的废弃物。

2. 肌肉的新陈代谢

肌肉的新陈代谢：食物（主要指碳水化合物和脂肪）要经过分解才能为肌肉所用，成为能够为肌肉收缩提高能量的物质，这个过程称为新陈代谢。

能够提供能量的物质：直接由肌体分解出的高能磷酸盐化合物，如 ATP（三磷酸腺苷）和 CP（磷酸肌酸）提供。

但肌体储备 ATP 的能力有限，如果肌肉依靠 ATP 储备来收缩，这种能量供应会在几秒之内耗尽。因此，肌体必须以相同的速度合成 ATP。提供 ATP 的来源主要有氧化磷酸化（有氧代谢）和无氧酵素（无氧代谢）。

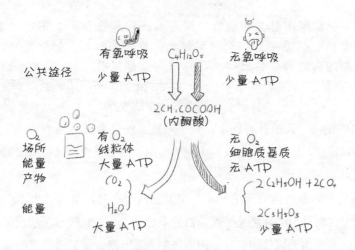

公共途径 有氧呼吸 $C_6H_{12}O_6$ 无氧呼吸

少量 ATP 少量 ATP

$2CH_3COCOOH$
（丙酮酸）

场所 有 O_2 无 O_2
能量 线粒体 细胞质基质
产物 大量 ATP 无 ATP

(O_2)
$\left.\begin{array}{c}(O_2)\\H_2O\end{array}\right\}$
$\left\{\begin{array}{c}2C_2H_5OH+2CO_2\\\\2C_3H_6O_3\end{array}\right.$

能量

大量 ATP 少量 ATP

<u>氧化磷酸化（有氧代谢）</u>：糖和脂肪在氧的参与下分解为二氧化碳和水，同时产生能量，使 ADP 再合成 ATP 后向肌肉或其他细胞提供活动能量。

二氧化碳是代谢产生的废弃物，必须由循环系统移出组织。但循环系统通常用 1—3 分钟才能对体力作业增加的代谢要求加以反应，所以骨骼肌在体力作业最初阶段经常没有足够的氧来进行有氧代谢，就要靠无氧代谢。此外，肌体在进行极重度工作的时候，即使有足够的氧，有氧代谢也不能生成足够的 ATP，这时也需要无氧代谢参与。

<u>无氧酵素（无氧代谢）</u>：在无氧情况下通过将葡萄糖降解为乳酸，同时产生 ATP 提供能量，无氧酵解产生的 ATP 较少，因此需要更多的葡萄糖才能产生与有氧代谢相同的 ATP。另外，乳酸会引起肌肉组织中酸度的增加，并认为是肌肉疼痛和疲劳的主要原因。

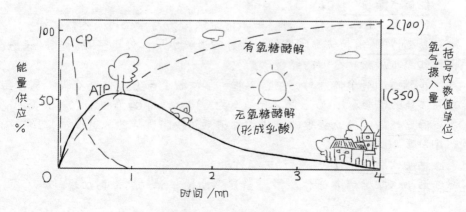

中等强度劳动最初几分钟的能量来源

肌肉将化学能转化为肌肉能的效率大概只有 20%, 剩下的代谢释放的 80% 的能量成了代谢热, 作业强度越大, 产热量越大, 这就是为什么人在重体力劳动的时候身体会出汗, 会感觉到全身发热。

体验有氧和无氧代谢的差异

如果在头一天的体育课上, 做了蛙跳, 仅仅做了不到半小时, 当时觉得还算轻松, 但第二天就发现大腿肌肉绷紧而且很疼, 这种情况得持续两三天。

相反, 如果是到公园里徒步, 走上三四个小时, 第二天也不会感觉到腿疼。这就是因为蛙跳是一种剧烈的下肢运动, 有氧代谢无法满足其能量需求, 必须由无氧代谢参与, 因而产生大量乳酸, 使肌肉感觉酸痛。而到公园徒步是一种不太强烈、持续时间较长的运动, 有氧代谢产生的 ATP 足够维持该运动的能量消耗。

二、能量代谢

能量代谢: 是食物转换成热量或者机械能的过程。

人活动时的能量消耗受活动类型、工作方法、工作姿势和作业速度的影响。

1. 能量代谢的计算方法

能量代谢单位: 焦 (J)、千焦。

代谢率: 1 瓦 = 1 焦 / 秒, 一般用千焦 / 分为单位表示人体代谢。

基础代谢: 维持生命所需能量消耗的最低水平。处于空腹、静卧、清醒、肌肉和精神放松状态时的能量代谢。

基础代谢有个体差异, 通常男性大于女性, 而且与体重有关。男性每千克体重的代谢率为 76.8 焦 / (分·千克$^{-1}$), 女性为 69.6 焦 / (分·千克$^{-1}$)。

静息代谢: 在低强度的静坐和休闲活动中所需要的能量。通常比基础代谢率高 10% — 20%。

活动代谢率: 在进行活动或工作时的代谢率。

活动代谢量 = 基础代谢量 + 静息代谢量 + 活动代谢增加量

活动代谢增加量随活动内容不同而不同。

2. 影响代谢率的因素

(1) 活动种类

日常活动的生理消耗：

睡觉：1.3千焦／分；

静坐：1.6千焦／分；

站立：2.25千焦／分；

行走：2.1千焦／分；

骑车：5.2千焦／分。

(2) 工作方法

不同工作方法的能耗有很大的差异。

(3) 作业姿势

人在卧、坐、立、弯腰、俯身、跪等不同姿势时的能量消耗有明显的差别。

将躺卧姿定义为100，那么：静坐103－105，站立108－110，弯腰俯身为150－160，跪地为130－140。

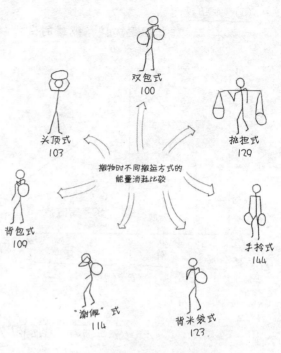

搬物时不同搬运方式的能量消耗比较

双包式 100

头顶式 103

挑担式 129

背包式 109

手拎式 144

"谢佩"式 114

背米袋式 123

注：以上数值代表相对吸氧量。

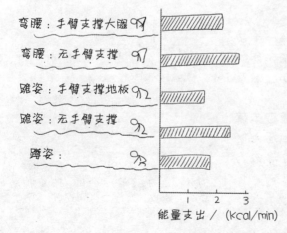

弯腰：手臂支撑大腿

弯腰：无手臂支撑

跪姿：手臂支撑地板

跪姿：无手臂支撑

蹲姿：

能量支出／(Kcal/min)

Vos（1973）测量了特定姿势的能量消耗，采取的任务是从地面捡起一个金属标签，结果显示，用手支撑的跪姿和蹲姿的能量消耗比其他姿势更少。

(4) 作业速度

一般来说，作业速度加快，能量的需求增加，耗氧量也会增加。

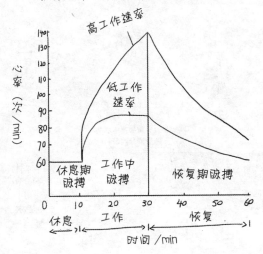

在合理的工作速度范围内，持续工作时的心率稳定在一个水平；如果工作速度提高，那么持续的工作会导致心率的持续上升。

第二节　肌肉力量

除了肌肉的能量代谢会限制工作能力，肌肉的力量也会限制很多工作的能力。

一、生物力学

生物力学：将人体看做一个由杠杆和连接关节组成的系统，比如大臂（连杆）、肘部（关节）以及小臂（连杆）。

生物力学是用物理学原理来确定人体在作业时所受的机械压力以及对抗这些压力所需要的肌肉力量，帮助人们理解在工作中的人体活动。

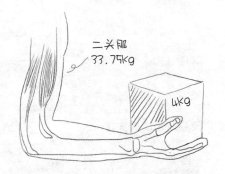

例如，手中握着一个4kg的重物，与肘部垂直，需要二头肌以33.75kg的力量来抵消。

为了确定某个负荷是否超过了身体相关部位能承受的限度，需要对个体执行任务时身体该部位的物理压力进行定量分析。通常使用生物力学模型，即将肌肉骨骼系统看作一个机械系统，用物理学和人体工程学的方法来计算人体肌肉和骨骼所受的力。

图为静态抬举时的生物力学模型。大部分的抬举、搬运、推拉动作，都是由下背部产生的压力，尤其位于第5节腰椎和第1节骶骨之间的椎间盘处，会产生相当大的压应力。因此也是最容易发生损伤的位置。

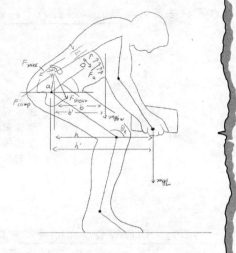

腰背部是工业中花费最高的人体疾病，美国国家医疗赔偿中1/3是关于腰部问题。主要原因是用手进行的一些操作，如抬起重物、折弯物体、拧转物体，还有长时间保持静坐也是引起腰部问题的主要原因，这在后一节中有详细阐述。

除了力学标准，还应考虑生理学和心理学物理学标准。生理学标准规定负重举重物的重量上限，因为这需要消耗能量；心理学物理学标准则是为了让工人在这些活动中不至于感到过度疲劳。

心理物理法与身体压力

心理物理法主要探讨物理刺激与主观感受的关系。对于身体所承受的压力，人们也会进行主观的评估，因此是否感到"疲劳"，不仅跟身体的状态有关，也跟动机、情绪有关。例如当员工长时间重复一个简单动作时，枯燥的活动更容易造成疲劳的感觉。

二、静态力和动态力

静态力：肌肉较长时间保持一种特定的收缩状态，外表上看没有移动，但却在消耗能量。

例如：握东西、手臂水平伸直、笔直站立等。

静态施力时，收缩的肌肉组织压迫血管，阻止血液进入肌肉，肌肉无法获得氧气和糖的补充，只能依靠本身的能量储备。代谢废物也不能迅速排出，积累的废物造成肌肉酸疼，引起疲劳。由于酸疼难当，因此静态施力容易产生疲劳，而且比较费力，持续时间短。

瑜伽就是一种典型的静态施力的活动。瑜伽动作要求保持一个姿势较长的时间，在这段时间里，肌肉处于收缩状态，能量消耗很大，而且容易产生疲劳。这就是为什么很多人做完瑜伽会浑身酸疼的原因。

动态力：肌肉有节奏地收缩和放松，从外表上看有动作产生。例如：走路、爬楼梯、弯腰抬起箱子等。

动态施力时，肌肉有节奏地收缩和舒张，血液输送量比平时提高几倍，使得肌肉获得足够的糖和氧，而且能迅速排出代谢废物。因此动态施力不容易产生疲劳，可以持续较长时间。

一般的工作既有静态力，又有动态力，如在负重行走时，背和肩的肌肉支撑物体，是静态力，而双腿又是动态力作用。由于静态力更容易产生疲劳，坚持的时间也短，因此在考虑减轻工作负担的时候，要先考虑静态力的减少。

例如，学生使用不同方式携带书包，由于静态施力，造成的能量消耗也不同：单手提书包比背书包要多消耗一倍的能量。事实上，双手提着重物是最消耗能量的动作之一。

很多小学都要求学生必须使用双肩背的书包，这是对儿童的骨骼发育最好的一种背法，单肩背和手提都会使背部和肩部长期处于歪斜状态，久而久之影响儿童的生长。

静力过大或者过久会引发疼痛或损伤，比如站久了腿和脚容易出现静脉曲张，座位没有靠背，时间长了背部肌肉很累，低头和抬头的时间太长会导致颈部酸疼，抓握工具的时间太长或者姿势不自然会导致腱部炎症。

第三节　工作中的生理学

研究工作中的能量消耗和肌肉受力，作用在于制定合适的作业内容，能够使员工进行重复的和长时间的作业，减少对员工身体的损害。

一、生理工作负荷

生理工作负荷指单位时间内个体承受的体力活动工作量。生理工作负荷过重会造成疲劳。

1. 生理工作负荷的测定

肌肉工作的过程中，循环系统会随着作业强度的增加而增加，心率、血压、呼吸频率都会增加。因此，在评定生理负荷的时候，常常用循环系统作为衡量指标。

(1) 耗氧量

在活动时，人要使用氧气来代谢食物并且释放能量，虽然耗氧量与能量之间的关系跟食物的种类有关，但对于一般的饮食，这个关系基本是固定的，因此通过测量耗氧量，可以估计能量的消耗量。

耗氧量的测定相当麻烦，一般使用一个呼吸罩来收集并测定氧气的消耗。

(2) 心率

心率是指每分钟心跳数，是常用的体力工作负荷的生理指标。心率随着工作负荷和能量需求的增加而增加，心率与耗氧量成线性相关。在实际情景中常用心率值，因为心率的测量比耗氧量更容易。

不过在反映能耗上，心率不如耗氧量可靠，因为心率受多种因素影响，例如情绪、环境温度等，耗氧量则不受影响。

如果对心率进行连续取样，则可以作为生理负荷的有效指标。

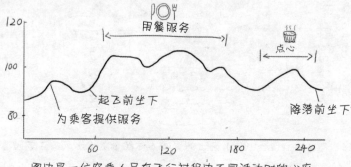

图中是一位空乘人员在飞行过程中不同活动时的心率。

173

作业的能量消耗在一定范围内，人体心率的增加与能耗成正比，因此可以用心率来测量人的劳动强度。心率随着工作强度的增加而增加，但是心率升得太高，如每分钟 180 次时，就必须停止工作，否则会造成过度劳累，损害身体。

最大可接受工作负荷 = 个体工作 8 小时而不发生过度疲劳的最大工作负荷值。

最佳工作负荷：能量消耗 =5 千大卡 / 分；心率 =110 － 115 次 / 分；吸氧量 =33% 最大吸氧量。

每日能量消耗：1400 － 1600 千卡，不超过 2000 千卡。

（3）血压和每分通气量

血压是指大动脉中的压力，通常有收缩压和舒张压两个值，表示为 135/70。

测量血压需要工人处于静止状态，因此使用范围受到限制。

（4）主观评定

要求受试在一个 6 至 20 点量表上对自身感受到的体力消耗水平进行评价。

主观评定使用起来比较容易，不过受多种因素影响，如工人对作业场所的满意度、动机和其他情绪性因素。

2. 影响生理工作负荷的因素

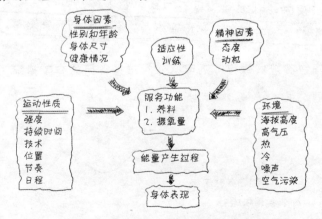

阿斯崔德（Astrand, 1986）列出的影响人体能量输出水平的主要因素。

3. 疲劳

如果作业的能量要求超过一个工人最大有氧能力的 30% — 40%，该工人很可能在 8 小时工作结束时会感觉全身疲劳。如果超过 50%，肯定会感觉疲劳。

全身疲劳：当能耗超过有氧能力的 40% 左右时，机体无法仅靠有氧代谢就可以供给充足氧以满足所有能量需求，这时会有无氧代谢的比例上升，使得乳酸等废物的量上升，于是人感到肌肉酸疼，筋疲力尽。

疲劳的影响：疲劳会造成肌肉力量下降、动作慢而不协调、反应迟钝、注意力不集中等症状，严重影响作业绩效。过长的全身疲劳会影响工作者的心理感受，比如降低工作满意度。

关于疲劳的争议：疲劳可能不是由于工作造成，而是工作者的心理状态引起的。同一个任务，在不同的时间干所产生的疲劳感可能不一样，而两个健康条件类似的人完成任务后的疲劳感觉也不一样。

耐受极限：卡纳斯（Karrasch）将人在体力工作中的耐受极限定义为若工作继续下去而心率不再升高，或工作停止后 15 分钟内恢复到休息值。

工作满意度是指对工作的各个方面的感受，受多方面因素影响，疲劳是其中一方面。很多年前，农村的孩子坐到教室里上学的动力之一就是可以避免在田里干活，因为农活的疲劳实在是太重了，这种疲劳影响了人们对这份工作的满意度，进而影响到职业的选择。当然，在现代化的城市里，纯体力工作已经很少见了，很多职员都是"椅族"。在这种情况下，疲劳对工作满意度的影响就不再那么显著。然而由于久坐在电脑前又会引起腰部、手腕、颈部的疼痛，严重的甚至造成对身体的永久损害。不过这种损害的过程比较缓慢，对于办公室工作人员来说，工作压力、挑战性、工作中的人际关系对工作满意度可能起着更重要的作用。

4. 生理工作负荷的解决办法

（1）提供作业支持

例如，采用运输带和自动送货机，改良工作场所的布局，减少提、推、拉重物的距离，减少对作业能耗的要求。

（2）合理安排工作表

设计一个适当的作息时间表，保证每个工作者有足够的休息时间。

影响休息量的因素：

①工作时间

工作时间越长，需要的休息时间越长；工作时间越短，恢复越好，生理压力也越低。

②工作强度

工作强度越大，需要的休息时间越长。例如，做非常繁重的工作（8千焦／分）10分钟，可能需要8分钟的时间进行休息。

卓别林的《摩登时代》描写了在美国工厂里，一名普通工人在流水线上的工作。在这部片子里，大家可以看到，工人的休息时间被压缩到极短的时间里，甚至想用自动喂饭机器人来取消午餐时间。这导致工人的工作效率极度降低，频频出错。工厂管理人员似乎还没有明白一个道理：适当的休息可以让员工的工作效率更高。虽然这是一部夸张的电影，但我们仍然能从其中看到与工程心理学有关的种种现实。

③人员选拔

人的肌肉力量个体差异很大，因此有些体力工作对肌肉力量小的人来说会造成损害，但对肌肉力量大的人来说并没有影响。因此，在分配工作前，应对员工的肌肉力量进行测试，并且最好能够对工作带来的风险和伤害进行预测。

④人员培训

作业方式会影响受力的大小，因此对人员进行正确的作业方式和姿势的培训，能够大大降低其带来的伤害。同时，对员工进行力量、柔韧性方面的培训，也能够显著降低伤害率。

二、久坐工作和座位设计

1. 坐姿的特点

坐姿的好处：人在静坐时身体承受张力较小，容易保持姿势，且容易控制胳膊，保持平衡。

坐姿的问题：在于极易导致腰部问题。原因在于坐的时候脊柱弯曲程度不够，椎间盘压力增大，使椎间盘突出，脊柱软组织压力增大，影响神经根部，导致腰部疼痛。

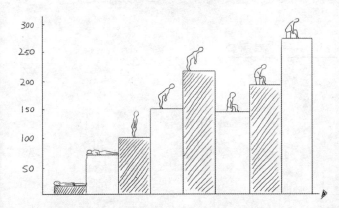

这是各种姿势椎间盘所受的压力的图表。从中可以看到，向前倾的坐姿，椎间盘所受的压力最大。根据 Nachemson（1970）的发现，直立无支撑的坐姿比站着的姿势增加40%的压力，前弯腰的姿势则比站着的姿势增加90%的压力。

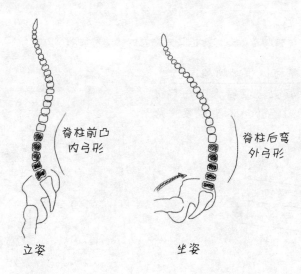

脊柱前凸内弓形

脊柱后弯外弓形

立姿　　　　坐姿

人在立姿和坐姿时的脊柱形态是不同的。当处于立姿时，脊柱的腰椎前凸；而处于坐姿时，脊柱后弯，这会导致椎间盘所受的压力增大。

　　中国的传统座椅，靠背板和座面大多数呈90度，人们只能用很直的姿势坐在椅子上。这并不是因为中国人不懂得如何才能坐得更舒适，而是认为姿态端正的美感更重要，反映了中国文化中注重行为举止的风范，崇尚稳重端庄、温文尔雅的品格。

2. 解决办法

(1) 使用厚的腰垫可以保持腰椎前凸

用腰垫，则腰部脊柱的角度非常接近于人站立时的腰部曲线。

(2) 使用前倾式座椅可以保持腰椎前凸

　　这个姿势还有一个好处，使得大腿与身体呈135度的角度，这样的姿势对人来说是最放松的。

　　但现实中这种座椅较少，主要是因为前倾式座椅必须与倾斜的工作台配合才能使用。

(3) 经常变换姿势

长时间保持一个姿势，即使有腰垫或者座椅倾斜，也不利于椎间盘获得营养物质，排放废弃物。而且姿势僵化也会使得肩部和背部长期处于紧张状态，引起疼痛和不适。因此，最佳的解决办法就是时不时地站起来，伸伸胳膊伸伸腿。

站立式办公

现代办公室的上班族一天8小时几乎都坐在椅子上，导致腰椎、颈椎极容易出问题。现在，一种名为"站立式办公"的方式，从互联网公司开始渐渐流行。站立式办公大多是使用可升降的桌子，员工可以自行选择桌面高矮和办公姿势。不过站立式办公也有很多问题，比如在一个隔断较矮的大办公室里，站立式办公会显得很突兀，而且缺乏隐私（旁边的人很容易看到屏幕上的内容，大家都知道你在干什么！）；而且，久站其实也会带来很多问题，比如腿部静脉曲张。所以，最好的办法，还是设置一个闹钟，每隔一小时，提醒自己站起来活动一会儿！

三、手工工具设计

手工工具包括刀具、扳手、锤子等工具，也包括鼠标、键盘。

手工工具的设计需要工程技术、人体测量、解剖学、生理学等方面的综合考虑和应用。

1. 人手的结构

人手由骨骼、血管、神经、韧带、肌腱组成。

腕管：<u>在手腕有一条管道，由骨骼和韧带组成，桡动脉和正中神经通过这条管道，就是腕管。</u>

横韧带外侧是尺动脉和尺神经通过，这个动脉和神经要从旁边一个叫"豌豆骨"的小骨旁边穿过。

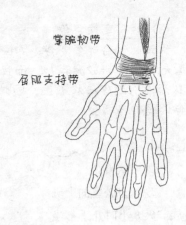

掌腕韧带

屈肌支持带

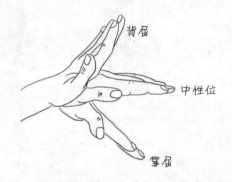

背屈

中性位

掌屈

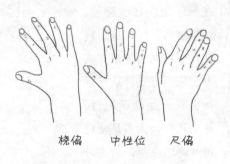

桡偏　中性位　尺偏

腕关节的结构仅允许两个方向的运动。

手部的活动是由上臂、前臂肌肉和骨骼共同作用的结果。

腕关节连接前臂的尺骨和桡骨，这两根骨头再与上臂的肱骨相连。当手臂弯曲使肘部成 90 度，并将手腕向外侧翻转时，肱二头肌也会收缩。

2. 手工工具的设计原则

(1) 保持手腕伸直

当手的位置以一定的角度弯曲，如处于掌屈或者尺偏的位置时，腕部不能自然伸展，进入手部的血管在腕管处收到压迫，长期这样就容易导致肌腱和腱鞘发炎，进一步发展成腕管综合征。表现为食指和中指僵硬疼痛，拇指无力，严重的还会导致肩部、手臂甚至颈部的疲劳、疼痛，甚至可能导致手部肌肉萎缩，功能丧失。

设计原则：让工具弯曲，以保持手腕伸直。例如可以将钳子设计成弯曲形状。

什么是鼠标手？就是医学上所说的"腕管综合征"。现在越来越多的办公室工作依赖电脑，人们在使用电脑的时候会频繁使用鼠标和键盘。手腕长期以弯曲的姿势使用鼠标，容易导致腕管综合征。这是一种腕部的累积性损伤。

鼠标手

预防鼠标手的主要办法就是避免长时间使用电脑，最好一个小时做一做放松手部的活动。此外，手部的位置越高，对手腕的伤害越大，因此，鼠标最好能放在较低的位置。使用腕垫也可以缓解操作鼠标带来的损害。

(2) 避免重复的手指动作

如果作业要求重复使用手指，那么容易产生手指腱鞘炎。常见的手指腱鞘炎出现在食指、中指，表现为关节感到疼痛，手指活动受限，停留在弯曲位置或者伸直位置，无法自主弯曲。当用外力将手指伸直时，能听到"咔嚓"的响声。

经常使用大拇指按压手机上的按键，会使大拇指感到僵硬、疼痛，而引发肌腱肿胀，造成重复性劳损，甚至导致严重的肌腱炎。

在设计时，尽量避免频繁地使用某一个手指。

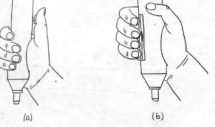

(a)　　　　　　　(b)

拇指操作和连指操作的气动工具

(3) 针对左撇子的设计

由于现实生活中大多数人习惯使用右手，几乎所有的商品都是为这些"右撇子"考虑和设计的。而左撇子则是惯用左手，虽然所占比例很小，但这些人在生活、工作上会遇到很大的困难。

其中最典型的是剪刀，左手和右手用剪刀时，刀片的安法正好相反。如果左撇子用一般的剪刀，就不得不将大拇指内钩，这样不仅速度很慢，还容易出错。对于经常使用剪刀的服装设计工作者、裁缝等行业的人来说，一套专门为左撇子设计的剪刀是非常重要的。除此之外，还有枪、文具、尺子、开塞钻、削皮器等等，都有左右手的区别。

电脑鼠标倒是左右手通用，可以在控制面板里选择。键盘的设计则比较麻烦，主要在于数字小键盘的位置，如果能把小键盘放在左边，能够让左手承担更多的工作。

第八章 安全与事故预防

第一节 人的差错

> 2011 年 7 月 23 日晚上 20 点 30 分左右，北京南站开往福州站的 D301 次动车组列车运行至甬温线上海铁路局管内永嘉站至温州南站间双屿路段，与前行的杭州站开往福州南站的 D3115 次动车组列车发生追尾事故，后车四节车厢从高架桥上坠下。这次事故造成 40 人死亡，约 200 人受伤。
>
> 事后的事故调查发现，这是一起由多种因素共同造成的事故，包括设备设计缺陷、环境恶劣（雷击）、作业人员安全意识不强等因素。分析事故发生的原因，进而改进系统的安全性，是工程心理学的重要研究领域。

一、造成事故的因素

造成事故的原因很多，人为差错、设备故障、不恰当的设备设计、环境因素，以及这些因素的组合都可能导致事故。

职业伤害因果模型（Slappendel, 1993）：认为设备和工具、物理环境、社会环境造成操作者的人为差错，从而产生危险；而工作系统、员工特点、工作特点本身也具有直接产生危险的可能。这两方面的因素都与管理和设计上的错误分不开。自然因素则是一个额外的条件，比如雷电、暴雨、地震等等，可能直接使整个人机系统处于危险之中。但即使在危险中，也不一定就会产生事故，还取决于操作者如何去处理，系统对危险是否有自动探测和修复的能力。

(1) 员工特点：操作员的年龄、性别、工作经验、压力、疲劳等。

一般来说，年轻人更容易引起事故，尤其是在 15—24 岁期间，事故的发生率最高。

可能的原因是年轻人比较冲动，随着年龄的增长，人变得沉稳，行为也趋向保守。我国的驾照申请条件也显示了这一点，申请小型汽车驾照的只要年满 18 岁就可以，申请大型客车驾照的，得 26 周岁以上才符合条件。这是因为大型客车装载乘客多，责任重大，一旦出现事故，后果严重，因此要求驾驶员不仅技术要好，还必须稳重，有责任心，年龄大一点的驾驶员更能够达到要求。

但年龄并不是越大越好，年长的人的认知能力会出现衰退，对于有些需要反应速度的工作，例如驾驶，年长者发生事故的几率就会增加。

因此大型客车驾照的最高年龄是 50 岁，相应的小型汽车是 70 岁。战斗机飞行员也是一种对认知能力要求很高的职业，我国规定歼击机飞行员最高年龄为 43—45 岁，直升机飞行员为 47—50 岁。

工作经验也与事故的发生率有关，有研究表明大约 70% 的事故发生与当事人在岗工作的前三年，最高比例是在岗 2—3 个月。

人们认为，这可能是由于正处于过渡阶段，还不具备足够的危险意识和处理能力，又缺乏监督所造成的。

根据英国保险业协会的数据，仅占英国持有驾照人口 12% 的 17—24 岁的年轻司机，却占到因车祸而丧生的司机比率的 1/3。18 岁的青年人发生交通事故的概率是他们父母年龄段人群的 3 倍。保险业协会建议，对于刚刚通过考试拿到驾照的年轻司机，前半年的驾车行为应该受到严格限制，防止过分自信的年轻司机给自己和其他人制造灾难。

年轻人开车容易冒险。

（2）工作特点：工作的强度、警醒水平

高强度体力负荷的工作、高强度脑力负荷的工作，容易造成疲劳，增加危险系数，造成事故的可能性增大。在第六章已经提过。

（3）设备和工具

糟糕的设备设计会让操作者更容易出错，尤其在危险情况下；良好的设计能让操作者更快地了解当前的形势并做出正确的操作（见第四章）。

（4）物理环境：照明、温度与湿度、火灾危险、辐射危险、跌落、出口和紧急撤离等。

（5）社会环境：培训、管理、社会舆论对安全意识有重要影响。

安全意识

有时候，人们的安全意识要通过不断地培训才能建立。例如，在工地上要求必须要戴头盔，高空作业要系安全带。但在实际工作中，有些工人虽然戴了安全帽，但只是随便一带，并没有将带子系紧，起不到防护作用。安全带也是如此，有些工人只是将安全带象征性地系在身上，并没有固定在钢管上。为什么他们对关系自己生命安全的大事如此上心呢？原因就在于对危险的估计不足，安全意识淡薄。整个工地中流传着"不系也没事，系了更麻烦"的说法，于是人们会参照他人的行为去做一件事。而管理人员则从节省成本的

谁说我没系安全带？

角度出发，舍不得给员工配备合格的安全带和安全帽，在安全培训上也草草了事，不注意培养其安全意识。

在日常生活中也是如此，驾驶和乘坐汽车都应该系安全带，但实际上系安全带的人却不多。人们觉得系安全带不舒服又很麻烦，而且有一个误区，认为在车速不高的情况下不用系安全带。在这样一种社会氛围下，系安全带就成了一种装饰。在前些年，司机甚至会认为乘客系安全带是在

侮辱他的开车技术，乘客系安全带还得很不好意思地向司机赔礼道歉。这其实都是源于汽车在我国刚刚开始普及，汽车文化尚未成形，安全意识尤其薄弱。这需要政府有关部门进行大力宣传和引导，例如增加关于系安全带的警示牌、公益广告，要求电影电视中的驾驶员和乘客必须系安全带，等等，慢慢转变社会舆论。

(6) 操作者差错：操作者差错降低系统有效性或安全性的不恰当的人类行为。

系统中的大量因素影响着操作者，使他们出现差错行为，并且引发事故。人的差错可以分为有意的和无意的。

有意的：

知识性错误（理解有误，以为某个路口标志的意思是可以左转，但实际不能）；

规则性错误（选择了错误的规则）；

违章（有意不按规定的行为）。

无意的：

失误（不是有意的不正确行为，例如不小心按了"删除"）；

疏漏（无意地漏做某些行为，例如忘记拧紧螺丝）。

对于知识性错误、规则性错误、失误和遗漏，都与系统的设计有密切关系，例如不恰当的显示器设计会给使用者造成误解，而外表相似的开关可能会导致使用者按错。违章则更多地跟社会因素有关。人们在更强调效率而忽视安全的情况下，违章情况就会大大增加。

靠工具设计减少事故

汽车、飞机的组装和维修都是一个巨大的工程，现场作业有各种各样的零件、工具，如果缺乏管理，工具摆放不清晰，零件准备不恰当，就容易出现操作失误。例如，将一个扳手遗漏在飞机的发动机内，一旦启动，就会造成严重后果；或者少安装了一个零件，也会造成严重的事故。为了解决这个问题，需要有严格的管理制度，从工具摆放、环境整治、工作流程上都要有详细的规定。在设计工具的时候，也应该考虑这一点。

例如，德国某汽车生产线上，每一个操作步骤所需要用的零件都有一个专门设计的推车，这个推车上按照零件的形状设计了不同的凹槽，员工只要将正确的零件放进去，填满整个推车，然后将车推到工作场所。这种图形化的设计即能够让员工非常容易地找到零件，也不容易出现遗漏。

事故发生的时候，操作者通常是灾难的最终触发者，因此容易被认为应该为整个事故负责。但是事实上，责备操作者是不公平的，除非是由于操作者的故意违章而引起的事故。将责任推给操作者，对调查事故有害无益，也不利于改进系统的弱点。

二、关于事故的瑞士奶酪模型

奶酪模型（Reason，1990）：在每一个组织中事故的发生有四个层面的因素，分别是组织影响、不安全的监督、不安全行为的前提、不安全行为。每个层面就像一片奶酪，奶酪上的洞就是这一层的安全短板，当失误发生的时候，光线就穿过这片奶酪，但通常会被下一片奶酪即下一个环节所阻挡。但是当所有奶酪的洞都被敲好并形成一条直线时，光线就会完全穿过，这时事故就发生了。

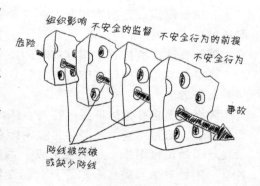

瑞士奶酪模型示意图

奶酪模型的主要特点是认为，虽然事故的因素很多，但造成事故的往往不是一个单一的因素，而是多个因素共同起作用的结果。

这个模型是很多领域（如航空、医疗事故）建立安全管理系统的理论模型。

一起安全事故实例分析（王永刚、王燕，2008）

某民航飞机执行从无锡到北京的某航班。飞机 12：07 起飞，起飞 10 分钟后，机组发现左油箱指示器读数为 2750 公斤，右油箱指示器读数为 3650 公斤，左右油箱相差 900 公斤，因此，机组决定返航。12：50 飞机安全返航，降落在无锡机场。随后进行的安全调查主要得搞清楚一个问题："为何起飞后会出现左右油箱不平衡的情况？"

这个问题又分成两个问题：第一个问题，为什么会出现左右油箱不平衡的？第二个问题：为什么机组人员在不平衡的情况下依然起飞？

经过调查，发现头一天该飞机在排故中进行发动机试车，使用了左油箱的燃油，导致左右油箱油量不平衡。但在排故之后，机务人员并未检查油量平衡指示系统。由于机务维修人员并没有违反规章制度，但没有注意到左右油箱指示不平衡，这属于"知识性误差"，是由于知觉不充分引起的。

那么，为什么在维修的检查单中并不包括检查左右油箱的平衡呢？原来，以前左右油箱是自动平衡的，后来设计发生了改变，但维修检查单并没有随之改变。这是由于组织管理的失误。而维修人员经验不足，没有注意到该问题，这属于安全监督不够。

对于第二个问题，为什么机组人员在不平衡的情况下依然起飞？也是由于机组操作手册不完善，没有将检查油量平衡列入起飞检查项目的缘故。

机组和机务维修人员均未检查油量平衡系统，但由于在检查单上并没有这一项，因此他们不属于违章，只是出现了差错行为。因此不应追究责任。剩下的原因才是需要反思、总结的原因，一共有五个：飞机油量平衡指示系统设计不适宜（导致不容易知觉）、指派经验不足的机务排故、试车工作单不完善、机组操纵手册不完善、飞行机组疲劳。

根据这次事故的分析结果，首先要完善机组操纵手册和试车工作单，增加检查左右油箱的内容，增加飞机油量平衡警告，操作者应保证充足的睡眠。

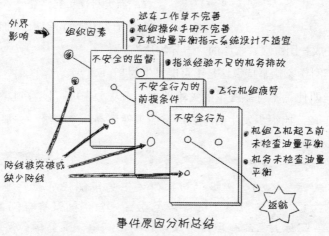

事件原因分析总结

第二节 危险的识别与控制

一、危险的危害度与风险

危险的危害度的两个维度：发生的频率和事故的严重性。

美国军用标准 MIL-STD-882B 的分类，将频率和严重性结合在一起：

发生频率	严重程度			
	灾难性的	严重的	不太严重的	微不足道的
频繁发生	1	3	7	13
很可能发生	2	5	9	16
偶尔发生	4	6	11	18
很少发生	8	10	14	19
不可能发生	12	15	17	20

每个数字代表危害等级，1级代表最严重的危害，20代表最轻的危害。

欧洲有一台巨型的强子对撞机，这是一座长27公里的巨大环形地下隧道，设计用于轰击质子使其在发生撞击之前加速到7万亿电伏的能量。科学家们将在实验中用这个粒子撞击质子。但有人担心一个问题：实验产生的黑洞可以吞噬地球！或者，强子对撞机将产生一类名为"奇异微子"（Strangelet）的粒子，将地球变成一团沉寂、收缩的"奇异物质"。

但科学家们坚持说这是不可能发生的！

但即使是不可能发生的灾难性事件，从上表中可以看到，其严重程度也有12，比很少发生的不太严重的事件还高两个等级——那我们还是重视一下吧！

很多时候，人们会错误估计事件发生的可能性或者严重程度。比如，当年被认为是"永不沉没"的泰坦尼克号，自信到没有在船上准备足够的救生设备，实际上它却有巨大的设计和制造缺陷，最终导致了数千人丧生。

188

二、危险识别方法

在设计设备的时候，设计者就应该尽可能地考虑到每个操作中可能发生的危险，还应考虑到设备在特定使用环境下可能出现的危险。

(1) 初步危险分析 (process hazards analysis, PHA)：在概念设计的早期阶段，对任务行为、可能的使用者以及环境因素进行综合评估，提出一系列可能与系统关联的最明显的危险。

优点：在于能够在早期识别可能的危险，从一开始就消除、减小或控制主要的危险，能够用较少的费用和时间改进潜在的危险。

缺点：分析不够全面。

方法：进行初步危险分析，主要依赖对类似装置或设备已有的资料和经验，通过分析以往的经验教训，充分了解各种装置可能出现的事故危害，提前防范，并以此设计新的方案。

步骤：

① 通过经验判断危险源；

② 利用过去的经验，判断可能出现的事故类型及损害程度；

③ 对危险进行等级判断，排出优先处理的顺序；

④ 制定预防性应对措施。

例如：以燃气热水器为例进行的初步危险分析。

危险因素	触发事件	现象	导致事故的原因	事故情况	结果	等级	预防措施
水压高	煤气连续燃烧	有气泡产生	安全阀不工作	热水器爆炸	伤亡	危险的	装爆破板，定期检查安全阀

(2) 故障模式和危害度分析 (failure modes and effects criticality analysis, FMECA)：将一个系统分解成多个组成部分，比如汽车分成发动机、冷却系统、制动系统等，然后分成若干零件，分析人员对每个零件可能产生故障的模式进行研究，并估计这个零件故障对其他部分的影响。

这种方法可以将人的操作失误也纳入分析中，即考虑当人忘记完成某个操作步骤时，对整个系统会产生什么影响。

优点：能够体现出一个零件或者一个动作对整个系统的影响。

例如：割草机案例，用 FMECA 分析 "人误"。

人误	故障模式	对各部件的影响	对系统的影响	危害性
设置刀刃转矩	转矩设置过高或过低	螺栓承受不合适的扭力而断裂	刀片脱离割草机	6

(3) 故障树分析（fault tree analysis, FTA）：与 FMECA 的方法相反，这是从事故开始分析，一直分析到事故可能产生的原因。故障树是一种倒立树状的逻辑因果关系图，它用事件符号、逻辑门符号和转移符号描述系统中各种事件之间的因果关系。逻辑门的输入事件是输出事件的"因"，逻辑门的输出事件是输入事件的"果"。

优点：不仅能系统分析单个原因，还可以分析事故的多个相互作用的原因。

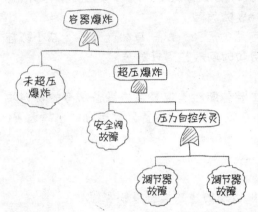

容器爆炸的原因，可能有超压爆炸和未超压爆炸两种，而超压爆炸又可能有压力自控失灵和安全阀故障两种。这样一层一层倒推下去。

故障树分析法中常用的一些逻辑符号

符号名称		定义
	与门	与门表示仅当所有输入事件发生时，输出事件才发生
	或门	或门表示至少一个输入事件发生时，输出事件就发生
	非门	非门表示输出事件是输入事件的对立事件

三、危险控制

1. 使用危险控制表

190

危险种类	危害性	可能的控制手段	各种控制方法的特点	经过权衡选择的最终方案

2. 在选择危险控制方法时要考虑的因素

(1) 对产品可用性的影响；

(2) 对产品成本的影响；

(3) 与其他类似危险控制技术的比较。

在选择控制方法时，一般都要进行成本－效益的权衡，如果某项危险控制技术能够有效消除隐患，但如果对操作活动有不利影响，或者会显著增加成本，或者有其他功效相似但不利影响较少或成本较低的技术，也不适合选择。

虽然对危险隐患都会进行成本－效益控制，但当涉及人命时，情况就不一样了。历史上曾经有一个著名的案例。通用汽车（GM）在上世纪70 年代以来生产雪佛兰马里布（Chevrolet Malibu）汽车，但这种汽车上市不久，就发现存在缺陷，就是汽车的油缸放在尾部，一旦尾部被撞，会有引起大火和爆炸的高风险。解决的方法则是把油箱放在车中部的安全位置，并用金属撑架来加以保护。

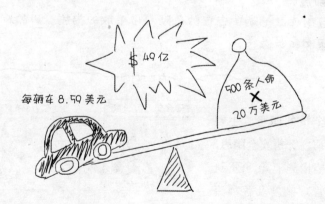

通用汽车衡量了修改方案的成本，委派其一位工程师进行"价值分析"。工程师预测，如果把油缸放在汽车尾部，将会有大约 500 例火灾直

接引起的死亡；他还预测，对每一例死亡，通用汽车将应付给亡者家属大约 20 万美元的法律赔偿，平摊到每辆车上就是 2.4 美元的成本。而把油缸放在汽车尾部，则给通用汽车省下每辆车 8.59 美元的成本。所以，即使把死亡赔偿算在内，通用汽车仍能在每辆汽车上省下 6.19 美元。通用汽车选择了省钱之计，在此后的 20 年里，导致了多起死亡事件。

1993 年，一名妇女的马里布型汽车尾部遭他人酒后驾驶撞击，引起大火，她的全家人都被严重烧伤。法庭调查发现了通用公司的这份成本核算文件，引起了美国全国上下的极度愤怒，认为这是通用公司不重视驾车人生命的恶劣做法。为了对这种做法进行惩罚，法官判决，通用汽车赔偿受害者 49 亿美元，其中 48 亿是对通用公司的"欺骗"和"有意犯罪"而进行的惩罚性赔偿。

第三节　安全管理

一、安全管理程序

1. 识别危险

分析目前作业活动中存在的危险、已采取的措施、事故频率和事故后果。一般由安全员负责。

安全员的职责，主要有四个：① 分析安全隐患，提出防范措施；② 负责执行安全管理制度及各项流程管理，检查安全措施的落实情况；③ 对出现的问题进行纠正；④ 对员工进行安全培训。

在分析中，往往要使用安全检查表，表上列出所有需要检查的项目，安全员逐项进行检查。

例如：

车间安全检查表

车间名称：

检查日期：

检查者（签名）：

序号	检查项目	应达到的要求	检查结果	改进意见
1	车间作业场所	保持整齐、清洁、道路通畅、平坦		
2	进出口处	应设置安全标志、限速标志		

2. 开发和实施各种安全程序：设计有针对性的安全措施

安全程序应在管理层和员工的共同参与下形成，通常包括下列要素：

(1) 管理层要参与；

(2) 事故调查；

(3) 提出设备改进意见；

(4) 制定安全规章；

(5) 建立个人防护设备的制度；

(6) 对员工进行安全培训；

(7) 促进和鼓励安全行为。

杜邦的安全管理体系

杜邦公司是一家生产化工产品的公司，前身是一家火药制造商，安全问题自然是其头等重要的大事。它的第一套安全章程创建于 1811 年，是世界上最早制定出安全条例的公司。比如在条例中强调，进入工厂区的马匹不能打铁钉，以免碰到其他物品产生明火引起火药爆炸；强调管理层要直接对安全负责，在杜邦家庭成员亲自操作之前，任何员工不许进入一个新的或者重建的工厂。在 20 世纪 40 年代，杜邦公司提出了"所有事故都是可以预防的"这个观念，20 世纪 50 年代提出了"工作外安全方案"，20 世纪 90 年代提出了"零事故"的目标，它已经连续 20 多年实现了这个目标。美国职业安全局曾授予杜邦公司"最安全公司"的称号，现在杜邦除了自己的生产，也向其他公司提供安全咨询服务。

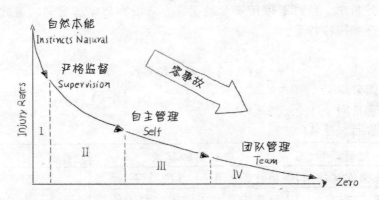

杜邦企业安全文化建设与工业伤害防止和员工安全行为模型

　　杜邦公司的管理理念核心在于全员参与,让每一个员工都树立起安全理念。它对杜邦的历史安全伤害进行统计,将企业安全文化建设过程分成了四个不同阶段:员工的安全行为处于①自然本能反应阶段;②依赖严格的监督;③独立自主管理;④互助团队管理。该模型表明,只有当一个企业安全文化建设处于过程中的第四阶段时,才有可能实现零伤害、零事故的目标。

　　杜邦公司的STOP(Safety Training Observation Program)培训体系就充分体现了企业安全文化的培养。STOP培训主要致力于使高层管理者、高级安全技术员、基层管理者成为有技能的安全观察员,具有辨识风险的能力,能够提出有力的预防和整改措施。杜邦的研究发现,引起损失工作日事件的原因有96%是由于不安全行为引起的,只有4%是其他原因,只要通过STOP培训,就可以在工作区域内评估出所有不安全行为,理论上讲伤害率可以下降96%。STOP培训非常注重对实际工作中遇到的问题的讨论,通过讨论和实践达到相互交流、相互学习的目的。

　3. 测量与评价安全程序的实施效果
　　对安全程序的效果进行测量,通过以下因素的变化来衡量一个安全程序的有效性:员工安全行为的变化、事故发生率、伤亡人数、伤病离岗的天数等。

二、冒险与警告

1. 决策过程中的冒险

即使知道安全设备或者操作步骤能够避免危险，但人们仍然会做出不使用安全设备的选择，例如，不系安全带。

在安全和不安全的行为之间的选择，从根本上说，是一个基于已有知识的决策过程。

人的决策有两种类型：理性决策和满意决策（第三章里分为理性决策和启发式决策）。

理性决策：分析行为可能的多种后果，根据后果来选择所采取的行为。

满意决策：仅部分考虑行为的后果，并根据行为是否能满足当前的需求，决定是否采用。

例如，要使用电钻，但附近没有插座，于是要使用一个很长的插线板，但是其中要经过一段人流较为密集的地板。如果是理性分析，使用者就会考虑：这件事的积极方面，即他马上可以使用；但消极方面也存在，即行人可能会被绊倒。如果是理性决策，就可能会放弃这个方案；如果是满意决策，就可能使用这个方案。

影响安全行为的三个心理成分：

(1) 与危险／伤亡程度感知相关的变量；

(2) 危险的新颖性以及暴露于危险之中是否出于自愿；

(3) 当事人对于结果或细节的熟悉程度。

如果刚刚经历了一起汽车追尾的事故，那么对行车危险的可能性和严重性估计就会更大一些。安全行为都有一定的代价，例如系安全带不太舒服或看起来很傻（受社会环境影响），人们在决策时就会权衡各方面的考虑。

2. 警告

我们周围总是有不同的警告标示。如"当心！此区域需戴安全帽！""有毒气体！""易燃""注意安全"等等。警告之所以越来越多，一方面是因为公众对安全越来越重视，另一方面是制造商要尽力减少他们因为警告设置不够而需要承担的法律责任。

为了避免消费者受到产品伤害，制造商们为产品贴上了看起来很荒谬的标示。美国社会活动家琼斯出版了一本名为《折叠车以前先把孩子抱出来》的书，收集了很多荒诞的警示

Please Be safe.
Do not stand, sit, climb or lean on zoo fences.
If you fall, animals could eat you and that might make them sick.
Thank you.

语。比如：

当心：请不要在公园篱笆墙上站立、坐、攀爬或依靠。如果摔下来，动物会吃掉你的，这样它们会生病的。多谢合作！

不过这些警示语虽然荒谬，仔细想想还是有道理的，比如：

电熨斗：不要将衣服穿在身上熨！　电锯：不要试图用手去阻止锯片运动！

(1) 警告的目的

告知使用者，在产品使用中固有的或可预见的危险或危害；

告知使用者，误用会导致伤害的可能性和严重性；

告知使用者，降低伤害可能性和严重性的方法；

在危险可能发生的时间和地点，对使用者进行提醒。

(2) 警告设置分级

根据危害的程度，分为三种警告：

危险：用于具有即时危险的情况，如果发生就会导致严重的人身伤害甚至死亡。在标示上多采用红色。

警告：不安全行为如果发生，可能会导致严重的人身伤害甚至死亡。在标示上多采用红色或黄色。

小心：不安全行为如果发生，通常会导致轻微的人身伤害、产品损坏或财产损失。在标示上多采用黄色。

(3) 警告的内容

一个警告必须包含下列基本要素：

提示词：要表达出严重性；

危害：对危险进行描述；

后果：与危险相关的后果；

提示：避免危险所必需的行为。

例如：

如果遇到这种警告，司机估计就哭笑不得了。话说这种警告牌到底有没有作用啊？

(4) 警告的感知和接受

警告要能够吸引用户的注意力，从颜色、尺寸、设计图案、对比度、摆放位置，或者依靠声音、晃动或者闪光灯方式来吸引注意。

对于比较复杂的设备使用中的危险因素，警告放在说明书里比较管用，但人们又常常不会阅读全部警告标示。比如，Wogalter 等人发现，将警告标示放在说明书的开头，80% 的人能够遵守警告的注意事项；但如果放在末尾，只有 50% 的人会遵从警告的注意事项。所以，对于重要的警告标示，一般会直接印在产品上，而不是印在说明书上。

如何让烟民知道"吸烟有害健康"

有时候人们不会留意产品上的警告标示，比较特殊的例子就是香烟上的"吸烟有害健康"标志的警示效果。不过吸烟成瘾使吸烟这个行为给使用者带来愉悦感，社会舆论也认为吸烟的人"有男子气概"，这会降低警告标示的效果。不过香烟上的警告标示是否能产生效果，也与标志的设计方式有关系。香烟公司自然不希望将这种影响销量的标志放在产品的显著位置，因此各国政府就出台了关于警告香烟有害健康的规定。比如，规定标志的大小必须占香烟包装盒面积的一半，或者必须使用政府规定图片和标识语等等。以前我国对香烟警告标志的大小没有硬性规定，香烟公司都将警告以很小的字号放在不起眼的角落。这些年随着国民意识的提升，国家也修改了相应的规定，对警告的面积提出了要求。但与国外的香烟警告相比，我们的警告还不够有震慑力。

　　左图是在泰国销售的中华香烟，印制的是政府发布的警示图片和警示词，图片非常醒目清晰而且有冲击力。

　　右图是在我国销售的中华香烟，印制的只是警示词，警示效果就差很多。

第九章　应激与工作负荷

第一节　环境与应激

一、应激概述

应激（stress）是有机体对刺激事件的反应，当刺激事件打破了有机体的平衡和负荷能力，或者超过了个体的能力所及，就会体现为应激。

当作业性质和情景发生变化，个体需要适应这种变化的要求，调整自己的行为，但这种变化如果太大，就可能会导致个体的生理和心理出现变化，对工作产生消极的影响，威胁到个体的健康甚至安全。

就像四门课的老师突然同时要考试，学生就处于应激状态了。

应激的产生主要是由于环境的变化超过了个体能够调节的范围，个体将偏离原有状态，导致作业绩效下降。但并不是所有的工作环境要求变化都会导致应激，只有当个体无法通过自己的努力加以克服的时候，应激才会出现。同样的环境事件能否造成应激，取决于作业者的能力、经验、身体状况、心理素质。

二、应激源

应激源分为：生理应激源、心理应激源。

1. 生理应激源

生理应激源是指环境中的光线、声音、振动等因素对身体直接产生的压力。

生理应激源的影响分暂时的和长期的，对于暂时的影响，只要不危害安全和作业绩效，就可以忍受；但对于长期的影响，就必须要减少强度，不管对当时是否有影响。

关于光线、噪音引起的应激，在前面已经谈过。

（1）振动：持续的运动和周期性的运动都会引起人的运动应激，其中周期性运动包括高频和低频振动。

高频振动：手握电锯引起局部的高频振动，直升机引起全身的高频振动，对身体健康有损害。

解决办法：改良发动机设计，减少使用量。目前有针对不同振动水平的允许暴露量。

低频振动：海上船只的晃动，飞机的摇摆，车辆驾驶环境，会使人难以集中注意力，任务绩效受到影响。

在石油钻井平台上工作和生活的人，刚开始的时候觉得平台上晃动很厉害，甚至难以站稳，但过几天之后就习惯了，反倒回到陆地上会觉得晃悠。

这是否说明人对低频振动是能够适应的？

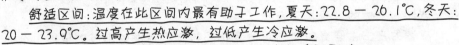

（2）温度：极高温和寒冷会造成绩效受损，产生健康问题。

舒适区间：温度在此区间内最有助于工作，夏天：22.8 — 26.1℃，冬天：20 — 23.9℃。过高产生热应激，过低产生冷应激。

高温应激：在高温下，追踪和反应时任务都受到影响。

高温与情绪

高温气候会使人情绪烦躁，思维紊乱，爱发脾气，健忘，情绪低落，对什么事都不感兴趣，甚至对亲人都缺乏热情。这是因为，在炎热的夏季，人的睡眠和饮食量有所减少，加上出汗增多，使人体内的电解质代谢出现障碍，影响到人的大脑神经活动，从而产生情绪、心境、行为的波动。

可以想象，在一个温度控制不好、人又多的环境里，容易引发争吵，例如在闷热的医院或者地铁上。所以，要维护稳定，首先就得想办法降低公众场所的温度！

低温应激：引起冻伤、体温过低甚至危害生命。对操作成绩的影响主要是直接影响手指协调运动，对关节活动产生影响。

从事冰雪活动的人最需要的装备之一就是一双既保暖、透气、防风又灵活的手套。在大风寒冷的环境中从事运动的时候，手会出汗，如果水分不能挥发，造成手套里潮湿，会更容易造成手部冻伤。因此，手套既要能够保暖，还得要透气、防风，再加上操作灵活。但这几个要素很难同时满足，比如保暖效果最好的是并指手套，但要操作就得用分指手套。因此通常根据雪山上不同的海拔和活动，要使用不同的手套，比如薄的防风抓绒手套（主要适合攀冰等技术操作）；厚的抓绒手套，外皮为复合面料（主要适合平原雪地或滑雪）；薄抓绒内胆外边是真皮防风防水手套（高海拔行走，低温，有简单冰镐操作）；并指的羽绒手套（7000 米以上海拔或营地，没有技术操作）。解决办法是必须考虑保持体温，但也要考虑到衣物保护作用和操作成绩之间的平衡。

2．心理应激源
心理应激源指由于个体感受到威胁而产生的应激，这些威胁包括受伤害、失去尊严、失去有价值的事物、死亡等。
（1）心理应激受个体认知评价和动机的影响。
为什么同样面临悬崖峭壁，新手会感到危险，觉得紧张不安，但攀岩高手则将其看做"令人兴奋的挑战"？因为两者对情景的理解和评价不同。

沙赫特的情绪认知理论认为，任何一种情绪的产生，都是外界环境刺激、机体的生理变化和对外界刺激的认识过程三者相互作用的结果，而认知过程又起着决定的作用。由于认知的不同，对同一种环境刺激产生了不同的情绪。

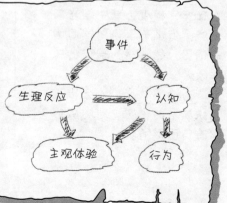

在工作中，只有作业者认识到环境的变化可能产生严重后果，并且有强烈的动机避免时，才会产生应激。对后果的判断越严重，或者责任心越强，应激程度会越高。

例如，两人对"刹车灯坏了"这件事情后果的认识不同，由此产生的应激也不同。

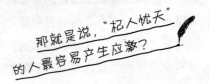

(2) 心理应激所诱发的唤醒水平对作业绩效有显著影响。

心理应激会提高个体的生理唤醒水平。

生理唤醒是指伴随情绪所产生的生理反应，可以通过生理指标显示出来，如心率、瞳孔直径和激素。

唤醒水平与操作成绩之间呈倒U形曲线关系。即唤醒水平越高，工作绩效越高，但是当唤醒水平高到一定程度，工作绩效就开始下降。而达到最佳效率的唤醒水平随着任务难度的不同而不同。简单的任务所需要的最佳唤醒水平很高，而复杂的任务并不需要有很高的唤醒水平。

低唤醒状态：人的警戒性不足，注意力涣散，任务完成绩效低。

中唤醒状态：人的注意力在一定程度上集中于当前任务，但又不至于忽略周围的信息，能够达到最佳的工作绩效。

高唤醒状态：人会出现意识狭窄的情况，对完成作业有负面影响。

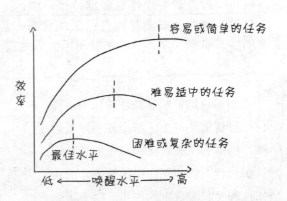

意识狭窄是将注意中心牢固地集中在某件事情上，这时候注意广度和范围都受到限制，周围的信息源被忽视了。著名的东方航空401班机的坠毁事故，就是由于起落架状态灯故障引发的应激状态，使得三名飞行员只注意解决起落架状态灯的问题，而忽视了自动驾驶失灵以及飞机高度下降这个更严重的问题。

（3）在应激状态下，人们会出现工作记忆受损，很难利用工作记忆完成当前的各种心理活动。

在应激状态下，个体一般很难利用工作记忆去进行心理操作，比如计算、记忆等等。比如，飞机驾驶员在深夜天气恶劣又迷路的情况下，恐慌和紧张使得他难以记住空中交通管制员对他的位置和方向的引导。

这种情况在生活中比比皆是。

但在应激状态下，长时记忆中的知识和技能却可能不受影响，甚至能够很快提取出来。这就是我们通常所说的"急中生智"。不过这种情况不是很稳定，如果平时训练不够，危机时刻想要依赖"急中生智"，那就可能出大问题！

看，有个路牌，这里叫红旗村，离我们的目的地不远了！

这个路到底对不对？是不是刚才错过了分叉口？

这个司机完全没有意识到对方在说什么。

三、几种典型的心理应激

1. 紧急情况引起的应激

环境或系统突然发生变化，有可能造成损失或伤害，在短时间内造成心理应激。

这种应激大多是瞬间发生的，来得快，去得也快，但稍不注意就会造成极大的伤害，给人带来的紧张感最强。

203

例如，飞机仪表出现故障，高速路上汽车突然爆胎，狂风暴雨造成了路面积水，股市突然下跌，等等。

这种应激状态通常需要个体立即采取行动，但快速的行动往往会造成准确性下降。因此，对于这种情况，一方面要加强平时的培训，增加个体对如何处理各种意外事件的知识和经验，另一方面要学会在紧急状态下保持平静。

人机系统在遇到故障时，特别需要操作者能够在紧急应激状态下保持冷静的能力。

2. 工作超负荷

在短时间内要处理大量的任务，就会造成工作超负荷。这种应激大多在短时间内发生，比如几天或者几周，任务也比较明确，在任务完成之后，应激就会消失。

例如，突然来了一个项目，要求在3天之内完成，这属于短时间的工作超负荷。这种应激状态如果持续时间过长，长期的应激状态会对身体健康尤其是免疫机能造成负面的影响。

就算是在丛林中生活的兔子，一天24小时都处于被狐狸追逐的恐惧中，很容易就会垮掉了

3. 生活应激

生活中的事件也会影响工作绩效。这类应激大多是长期的，会在很长一段时间内让人保持一种低落、烦恼的心情，对工作的影响也是长期的。

对飞行事故的调查表明，飞行员的家人去世、婚姻纠纷与飞行事故有关。但也有许多遭遇不幸的人能把工作处理好。生活事件是否影响工作取决于：动机水平是否因为生活事件而降低，是否将注意资源转移到考虑生活事件上。

对生活应激的处理属于心理咨询的范畴，通常会由 EAP 负责处理。EAP 即员工帮助计划（Employee Assistance Programs）。它通过心理学专业人士对组织的诊断、建议和对员工提供的专业指导、培训及多种形式的咨询，帮助员工解决各种心理和行为问题，提升企业效率。

四、心理应激的评定

应激对人产生四个方面的影响，因此可以从四个方面去进行测量：

（1）用问卷测量主观体验的变化

应激时个体的心理体验出现变化，表现为挫折感、不满意、信心降低、感情淡漠、神经紧张。可以通过问卷和量表，了解个体的心理变化。

（2）用生理记录仪测定生理变化

应激状态下，人的心率加快（通常出现在高负荷的应激情境下，如驾驶飞机），耗氧量增加，皮肤电反应增加；呼吸频率加快，血液中的化学成分发生变化，例如儿茶酚胺增加。

（3）观察作业效率的变化

通常应激会导致作业绩效下降，表现为反应时变慢，错误率增加，注意力不够集中，发生事故的可能性增加。可以通过观察其出勤情况、工作效率、工作纪律对应激进行间接的评估。

（4）行为策略和方式的变化

在应激状态下，人们很可能做出策略上的调整，从而摆脱应激源的影响。例如，当工作难度过大时，作业者可能就会降低内部绩效标准，来降低所受到的工作压力，或者通过攻击性行为来释放压力。

一定的应激状态是有好处的，人也不能太放松了。

当受到外界刺激时，机体的交感神经会兴奋，并导致垂体和肾上腺皮质激素分泌增多，引起血糖升高、血压上升、心率加快、呼吸加促等各种功能及代谢的异常。这些反应能调动集体的潜力，以应对当前的需要。

五、心理应激的应对措施

1. 应激应对的注意事项

(1) 应激的控制方法根据应激的类型不同而不同。

对于由于人际因素或者生活事件引起的长期应激，应更多考虑从心理咨询的角度去解决；

对于由于工作内容安排的短期应激，则应更多考虑从人员选拔、培训、工作内容重新安排方面去设计合理的作业水平；

对于由于环境突变而引起的瞬间应激，则应从系统设计的角度出发，考虑如何使得系统在出现紧急情况时能够为操作员的应对提供最大的支持，降低他们的记忆负担。

(2) 应激事件所产生的影响有很大的个体差异。

同样的事件在不同的人身上会产生不同的效应，因此通过人员选拔和培训可以控制员工的应激效应。

推销员的选拔

推销员是一种挑战性很强、压力很大的职业，每天要跟不同的人打交道，还要忍受各种抱怨和拒绝，且经常出差，生活很不稳定，不管在国内还是国外，推销员的辞职率都很高。因此，对于公司来说，非常需要选拔合适的推销人才以适应这份工作的节奏。美国的沙里曼（Martin Seligman）对推销员的品质进行了研究，发现美国大都会人寿保险公司的推销员在推销中被拒绝的概率比其他行业更高，前三年辞职的比例高达3/4。然而，沙里曼发现，乐观的推销员（不怕挫折，勇而向上）前两年的销售成绩比悲观者高 37%，而后者辞职的比例是前者的两倍。所以沙里曼使用乐观测验进行选拔，这样选拔上来的人，尽管同时使用的传统求职考试没有过关，但他们第一年的销售成绩比悲观者超出 21%，第二年超出57%。因此，现在各个公司选拔推销员的时候，会尽量选择积极乐观的人来从事这项工作。

(3) 完全消除应激源是不切实际的想法，且适当的应激有助于获得最佳的工作效果。因此应将应激水平控制在一定的范围之内。

压力管理和减压的概念

现代人的压力都很大，因此"减压"也成了一个热门词。减压，顾名思义就是减轻压力的意思。然而有人认为这个说法并不合适，因为这暗含的意思是"压力是不好的，压力减得越多越好"。为此，人们建议采用"压力管理"的概念，压力管理是指如何面对压力并有效地将压力控制在一个合理水平。这更符合压力控制的规律。

减压减太多，就飞起来了，缺少根基……

2. 应激的设计原则

(1) 在设计上帮助操作者尽快做出反应，如前面提到显示警报信息时要明显且容易搜索，并且操作者做反应时不需要过于依赖工作记忆中的信息。

例如，在遇到紧急情况时人们会拨打报警电话，世界各国的火灾报警电话都很简短，一般不超过3个数字，例如俄罗斯的火灾报警电话是01，美国的火灾报警电话是911，英国是999，法国为18，意大利为113，德国为112，瑞士为118，丹麦为000。这都是因为在遇到火灾的紧急情况下，人们的心理压力增大，记忆不容易提取，因此不能将求助任务定义得过于复杂，必须简单易记。

(2) 对紧急程序进行大量的训练，使得应激行为成为习惯，当情况需要时，就能很容易地提取出来。

位于太平洋西部的岛国日本是一个地震多发国家。同时，由于采用传统木质结构的房屋较多，日本也是一个火灾多发的国家。日本人从小学或者说从幼儿园时期开始，就一直接受防震、防火等方面的防灾训练。在日本各地，都有介绍地震、火灾和自然灾害等的公共设施。如东京防灾中心地震馆里，可以体验过去发生过的八次不同种类的地震。通过模拟地震，让孩子们真正体验到地震到来时个人所受到的冲击以及地震波的摇晃频率等等。

在2011年"3·11"地震中，我们从电视上看到，日本国民表现十分镇静，奋力救灾，努力将震后伤亡、损失降到最低。能够在这样的高应激状态下保持冷静，平时的演练功不可没。

经过"5·12"地震的成都人民不会再慌张了……

第二节　心理工作负荷

一、工作负荷的研究意义

工作负荷是指从事各类活动时人体承受一定大小的工作量。单位时间内工作负荷越大，工作量越大。

工作负荷分为：

生理工作负荷过大，会造成疲劳和身体损害，在第六章已经谈过。

心理工作负荷过大，对认知能力和情绪状态有不良影响，还会降低人体的免疫力，损害身体健康。

例如，1小时内要搬100块砖头的工作负荷比2小时内搬100块砖头要大，这是生理工作负荷；1小时要校对5000字文章的工作负荷比2小时校对5000字要大，这是心理工作负荷。

目前心理负荷在人机系统设计中越来越受到重视，因为现在人要面临的信息越来越多，操作者要能够迅速准确地处理纷繁复杂的信息，对操作者的要求较高，容易造成心理负荷增加。

二、心理工作负荷

1. 心理工作负荷的含义

心理工作负荷指单位时间内个体承受的心理活动工作量，表现为注意、知觉、思维、判断或情绪等负荷，主要出现在追踪、监控和决策等不需要明显体力负荷的场合。

心理负荷受多种变量的影响和制约，并表现出显著的个体和情景差异。一般来说，随着经验的增加，个体体验到的工作心理负荷下降。

2. 注意理论

注意是普通心理学的重要研究领域，注意及其相关理论是心理工作负荷研究的基础。

注意的理论模型：

（1）瓶颈理论

瓶颈理论将注意看做一个通道，这个通道的宽度是有限的，只有经过选择的信息才能够进入到短时记忆进行加工并被识别。

早期选择模型：认为那些无关重要的信息在加工之前就被过滤或衰减了；

晚期选择模型：认为所有的信息都经过充分分析之后才进入过滤器或衰减装置。

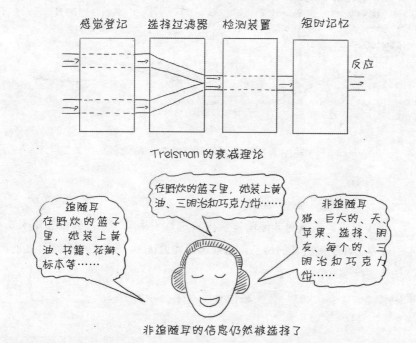

Treisman 的衰减理论

非追随耳的信息仍然被选择了

209

1. 注意的过滤衰减器模型及其实验

在实验中，研究者发现要求被试追随某一只耳朵的语音内容时，被试会忽略非追随耳的内容，但并不会完全忽略，有些信息仍然会被加工。衰减理论认为，这是由于这些信息的知觉阈值很低，虽然由于没有被注意选择而衰减了，但仍然能够进入下一阶段的加工。

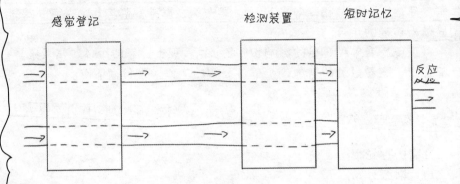

后期选择理论

非追随耳的语义信息在选择之前就得到加工了

2. 注意的后期选择模型及其实验

在实验中，被试对非追随耳的内容进行了语义加工，并根据语义加工的内容解释了追随耳的信息。后期选择理论认为，这是由于在选择之前，信息就进行了充分的加工。

（2）资源模型

主要观点：注意不是一个容量有限的加工通道，而是一组对刺激进行归类和识别的认知资源或认知能力。

这些认知资源是有限的。对刺激的识别需要占用认知资源，当刺激越复杂或加工任务越复杂时，占用的认知资源就越多。当认知资源完全被占用时，新的刺激将得不到加工。输入刺激本身并不能自动地占用资源，而是在认知系统内有一个机制负责资源的分配。

单资源模型：将注意看做一种用来完成各种作业的容量有限的通用资源。

只要在资源范围内，注意就可以分配给多个任务。这种理论主要用双任务技术来测定心理活动的注意分配。

多资源模型：认为人类拥有不同的资源类型，可以从三个维度进行划分：输入通道——分视觉和听觉通道；加工阶段——分知觉编码／中枢加工、输出阶段；输出方式——空间加工／手动输出、言语加工／声音输出。

心理负荷测量主要基于资源模型理论。

3. 心理负荷的测量方法

（1）主任务测量（工作绩效测量）

主任务测量是对主要任务的操作绩效进行系统的测量。

这种测量基于这样一个假设：工作负荷越高，任务完成情况越差。

例如，判定一个GPS（全球定位系统）的界面，用使用者进行定位的速度和准确性进行测量。如果完成任务的速度较慢，准确性低，就可以认为这种任务的心理负荷高。反之则认为这种任务的心理负荷低。

但是这种测量方法并不完全反映心理负荷。

假设一个人的心理负荷为10，第一种ATM使用需要6个单位的心理负荷，那么此人可以顺利完成本项操作；第二种ATM使用需要12个单位的心理负荷，那么此人完成本项操作的绩效就会比第一种ATM机要差；第三种ATM机需要9个单位的心理负荷，那此人也能完成本项操作，跟第一种ATM的操作绩效差不多。但是使用第一种ATM机能够有很多空余的心理负荷，可以应付突如其来的任务，使用第三种ATM机则只有很少的能力来应付紧急情况。

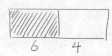

空余4个单位的心理资源　　心理负荷大于心理资源　　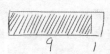空余1个单位的心理资源

211

<u>(2) 次任务测量</u>

次任务采用双任务作业情景，要求作业者除了操作主任务之外再增加一项额外的任务（次任务），通过考察双任务条件下次任务恶化的情况，来评价心理工作负荷。

与主任务测量法相比，次任务的操作成绩可以作为测量剩余心理资源。假设主任务消耗了一定的资源，次任务使用空余的资源。主任务资源减少，次任务的成绩就变差。在实际测量中，常用的次任务是时间评定、跟踪、记忆、心算和反应时任务。

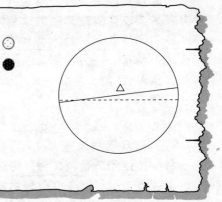

这是一个飞行员心理负荷测试的常用任务，主任务是要让大圆中三角形代表的飞机实际飞行姿态始终保持水平，也就是跟虚线代表的水平线平行或重合。次任务是留意左边的灯，当红灯亮起时，要尽快按下一个反应键。

次任务测量的两种范式：

<u>负荷任务范式</u>，要求优先保证次任务操作，即使主任务绩效会下降。在这种情况下，难度较大的主任务比难度较小的主任务更快地出现绩效下降。

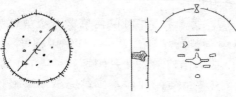

标准显示器　　　　　图形显示器

主任务：飞行操作绩效
次任务：阅读实验者呈现的数据

研究发现，次任务的频率较低（任务难度小）时，两种显示器没有差异；次任务的频率高（任务难度大）时，图形显示器的飞行绩效更好。

结论：图形显示器好于标准显示器。

次任务范式，要求优先保证主任务，通过次任务的绩效变化反映出心理负荷的大小。

工作负荷＝（单任务时的次任务绩效－双任务作业时的次任务绩效）／单任务时的次任务绩效。

（3）生理测量

可以用来反映心理活动的指标，包括瞳孔直径、心率、EEG、ERP（事件相关电位）等等。

心率变异性：是指逐次心跳周期差异的变化情况，它含有神经体液因素对心血管系统调节的信息。

心率变异性的大小实质上是反映神经体液因素对窦房结的调节作用，也就是反映自主神经系统的交感神经活性与迷走神经活性及其平衡协调的关系。在迷走神经活性增高或交感神经活性减低时，心率变异性增高，反之降低。

自主神经系统

属于外周传出神经系统的一部分，能调节内脏和血管平滑肌、心肌和腺体的活动，又称植物性神经系统、不随意神经系统。由于内脏反射通常是不能随意控制的，故名自主神经系统。自主神经系统主要分布在内脏、心血管和腺体，它们的中枢部也在脑和脊髓内，周围部包括内脏运动（传出）纤维和内脏感觉（传入）纤维，分别构成内脏运动神经和内脏感觉神经。自主神经系统可分为交感神经及副交感神经两部分。当人受到情绪性刺激，所引发情绪的激动度和紧张度增长时，由于自主神经的调节作用，生理唤醒水平和器官激活的程度也提高。因此，通过测量心率变异性，可以得知自主神经的活动情况，从而推测心理紧张程度，达到测量心理负荷的目的。

（4）主观评定

主观评定：让操作者对工作负荷进行判断。

这是最简单的方式，但这属于主观测量，受人的动机、兴趣、态度、情绪等多方面因素的影响。

NASA 的任务负荷指标（Task Load Index），包括六个不同的子量表：心理要求、生理要求、时间要求、作业成绩、努力、挫折水平。

维度	双极形容词	描述
心理要求	低 / 高	心理和知觉活动（如思维、决策、计算、注意、搜寻等）多强？任务是容易的还是困难的？简单还是复杂？苛刻还是宽松？
生理要求	低 / 高	生理活动（如推、拉、转动、控制等）多强？任务是容易的还是困难的？缓慢还是迅速？松弛还是紧张？悠闲还是吃力？
时间要求	低 / 高	由于任务造成的时间压力有多大？速度是缓慢悠闲的还是迅速紧张的？
作业成绩	差 / 好	你认为自己在达到规定目标方面做得如何？你对自己的作业成绩有多满意？
努力	低 / 高	为了达到你的作业水平，你必须工作得多辛苦？你花费在作业上的努力有多大？
挫折水平	低 / 高	在工作中，你感到多动摇、多气馁、多恼怒、多紧张和多烦恼？或多满足、多充实、多轻松和多得意？

　　在诸如飞行这样的高负荷任务中，休息中断或循环值班，会出现心理和生理的双重疲劳。因此，航空公司都给飞行员设置了每个月的最大飞行时数，超过这个时间，飞行员就必须暂时停止工作。

　　国内新闻曾经报道过这样一个案例，某航班晚点三小时一直没能起飞，好不容易到起飞时间了，发现由于在机上等了三个小时，该航班飞行员恰好到达他该月的最大飞行时数，于是航空公司只好再次推迟航班，以更换必须休息的飞行员。当然这从侧面反映了另外一个问题，目前我国的飞行员非常紧缺。

　　疲劳在很多行业都会产生严重的负面影响，例如长途汽车驾驶、医生等。疲劳是许多重大交通事故和医疗事故的根源。交通事故统计分析表明，驾驶员疲劳驾驶是造成交通死亡事故的重要原因之一。日本的事故统计揭示，因疲劳产生的事故约占 1% － 1.5%。法国国家警察总署事故报告表明，因疲劳瞌睡而发生车祸的，占人身伤害事故的 14.9%，占死亡事故的 20.6%。我国疲劳驾驶情况也很严重。

三、疲劳和睡眠剥夺

疲劳的影响：高心理负荷会引起疲劳，使人们维持注意有困难，从而导致作业绩效的下降。

医生也是经常处于疲劳的一个群体，缺乏休息容易造成医生在疲劳状态下出现差错。

第三节　警戒

警戒：在一段较长的时间内投入注意，但所注意的目标并不常出现，且有较高的不确定性。这种任务就是警戒作业。比如，雷达检测员、产品质量检测员等。

一、警戒下降

实验方法：让受测者监视屏幕上的指针移动情况，大部分情况是在1秒内移动0.3英寸，偶尔出现移动0.6英寸。受测者要对后一种情况进行迅速反应。总共时间为2小时。

表现：警戒作业绩效（击中率）随着时间增长而逐渐下降。

特点：最大的下降出现在前30分钟，且反应时也随着延长。

二、警戒下降的原因

（1）作业时间

警戒时间越长，信号漏失的可能性越大。

（2）信号的醒目性

明亮、响亮、断续或者有其他醒目特征的事件容易被探察到，而细微事件（如单词中的字母错误）容易随着时间延续而更多地被漏失。

（3）信号率

信号事件发生的频率低，检测就比较困难。这主要是因为信号很少出现，观察者的期望值低，因此采用比较保守的反应标准。另一个原因是信号也是保持警戒的"刺激器"，每次信号出现，唤醒水平就会提高一阵子，如果信号出现频率低，唤醒水平过低，不利于信号的探测。

（4）唤醒水平

唤醒水平与工作绩效呈倒 U 形曲线，即在一般情况下，唤醒水平越高，警戒作业绩效越好，但是唤醒水平过高，警戒作业绩效成绩就会下降。

三、警戒下降的应对

（1）作业时间不能过长

应给予足够的休息，但过于频繁的换班也不利于对操作的适应，所以要综合考虑。

（2）信号设置要更明显

通过颜色、形状、闪光等方式，提高信号被察觉的可能。

（3）考虑引入虚假信号

如果漏报率高，要通过奖励来改变探测信号的标准，也可以考虑引入虚假信号，来改变对信号的期望值。虽然这会造成虚报率增高，但一般情况下，人们更愿意选择漏报率减少。

（4）想办法维持高水平的唤醒

经常休息有利于高水平唤醒，咖啡、音乐、对话都可以做到这一点。但这些也容易变成分心刺激物，要注意控制。

附录 张老师的文章 (2006—2011年)

期刊论文

Ge, Y.,Wu, J. H.,Sun, X. H.,Zhang, K.. (2011). Enhanced mismatch negativity in adolescents with posttraumatic stress disorder (PTSD), *International Journal of Psychophysiology*, 79(2),231–235.

Wang, L.,Zhang, K.,He, S.,Jiang, Y.. (2010). Searching for life motion signals: Visual search asymmetry in local but not global biological motion processing, *Psychological Science*, 21(8),1083–1089.

Wu, J. H.,Ge, Y., Shi, Z., Duan, X., Wang, L., Zhang, K.. (2010). Response inhibition in adolescent earthquake survivors with and without posttraumatic stress disorder: A combined behavioral and ERP study, *Neuroscience Letters*, 486(3): 117–121.

Wang, Z.,Zhang, K.,Klein, R. M.. (2010). Inhibition of return in static but not necessarily in dynamic search, *Attention, Perception, & Psychophysics*, 72(1),76–85.

Wang, Y.,Zhang, K.. (2010).Decomposing the spatiotemporal signature in dynamic 3D object recognition, *Journal of Vision*, 10(10).

Rao, L. L.,Han, R.,Ren, X.–P.,Bai, X.–W. ,Zheng, R., Liu, H., Wang, Z.–J., Li, J.–Z., Zhang, K., & Li, S.. (2010). Disadvantage and prosocial behavior: the effects of the Wenchuan earthquake, *Evolution and Human Behavior*, 32(1): 63–69.

Yang, J. Z.,Rantanen, E. M.,Zhang, K.. (2010). The impact of time efficacy on air traffic controller situation awareness and mental workload, *The International Journal of Aviation Psychology*, 20(1): 74–91.

Li, S.,Rao, L. L.,Bai, X.–W. ,Zheng, R.,Ren, X.–P., Li, J–Z., Wang, Z–J., Liu, H., & Zhang, K.. (2010). Progression of the psychological typhoon eye and variations since the wenchuan earthquake, *PLoS ONE*, 5(3): e9727.

Li, J.,Zhang, K.. (2009). Regional differences in spatial frame of reference systems for people in different areas of China, *Perceptual and Motor Skills*, 108(2): 587–596.

杨家忠，张侃 .(2008). 空中交通管制员情境意识的个体差异 . 人类工效学 , 14(2): 12–14.

杨家忠，曾燕，张侃，Rantanen，E. M.. (2008). 基于事件的空中交通管制员情境意识的测量 . 航天医学与医学工程 , 21(4): 321–327.

宋国萍，张侃，苗丹民，皇甫恩 . (2008). 不同时间的睡眠剥夺对执行功能的影响 . 心理科学 , 31(1): 32–34.

王治国，张侃 . (2008). 空港安检中的视觉搜索 . 人类工效学 , 14(1): 64–66.

秦宪刚，张侃 .(2007). 空间线索任务中影响反应准备的因素 . 人类工效学， 6: 60–62, 68.

秦宪刚, 张侃. (2007). 反应准备方式对空间线索作用的影响. 人类工效学, 13(3): 7–9,13.

秦宪刚, 张侃. (2006). 刺激空间特征和反应位置对线索效应模式的影响. 人类工效学, 12(1): 7–10.

徐毅斐, 张侃. (2006). 电脑呈现灰度图形搜索和比较任务影响因素的研究. 人类工效学, 12(1): 20–23.

周佳树, 张侃. (2006). 动觉信息和无关运动对人的路径整合能力的影响. 人类工效学, 12 (3).

周永垒, 张侃. (2006). 潜艇人员心理素质测评项目的建构研究. 人类工效学, 12(1): 43–45.

宋国萍, 赵仑, 张侃. (2006). 连续 10h 驾驶对听觉非随意注意影响的 ERPs 研究. 航天医学与医学工程, (2).

宋国萍, 苗丹民, 皇甫恩, 张侃. (2006). 睡眠剥夺对词汇背景记忆的影响. 中国心理卫生杂志, (4).

会议论文

Li, J.,Zhang, K.,Sun, X.. (2009). Effect of demographic variables on driving safety. Proceedings of International Conference on Transportation Engineering, 2: 966–971.

Wang, Y.,Xue, L.,Li, J.,Zhang, K.,Sun, X. H.. (2009). A cognitive tool to predict individual accident proneness of vehicle drivers. Proceedings of International Conference on Transportation Engineering, 2: 1238–1243.

Yang, F.,Zhang, K.,Sun, X.. (2009). Behavior analysis of traffic accidents with high fidelity driving simulator. International Conference on Transportation Engineering, 4: 3231–3235.

Lu, X. L.,Sun, X. H.,Zhang, K.. (2009). Executive control influenced by the time course of alerting effect. Proceedings of International Conference on Transportation Engineering,4: 3578–3583.

Xu, X. G.,Ge, Y.,Sun, X. H.,Zhang, K.. (2009). Influences of on-road driving fatigue, mental workload on drivers' performance. Proceedings of International Conference on Transportation Engineering, 2: 1523–1529.

Xu, X. G.,Sun, X. H.,Zhang, K.. (2009). Spatial categorization and computation – empirical evidence from artificial label. International Conference on Natural Computation, 2: 93–98.

Lin, H.,Zhang, K.. (2009). Why not see: inhibition on distractors. International Conference on Natural Computation, 5: 261–265.

Yan Ge, Xianggang Xu, Jing Li, Xiuling Lu, and Kan Zhang. (2007). The effect of secondary task on driving performance, physiological indices and mental workload: A study based on simulated driving. ICTE 2007 Conference Proceedings.

Ning Liu, Kan Zhang, Xianghong Sun. (2007). The measurement of driver's mental workload:

a simulation—based study. ICTE 2007 Conference Proceedings.

Xueqin Hao, Zhiguo Wang, Fan Yang, Ying Wang, Yanru Guo, and Kan Zhang. (2007). The effect of experience and gender of drivers' on situation awareness and mental workload. ICTE 2007 Conference Proceedings.

Xueqin Hao, Zhiguo Wang, Fan Yang, Ying Wang, Yanru Guo, and Kan Zhang. (2007). The effect of traffic on situation awareness and mental workload: simulator—based study. HCII2007 Conference Proceedings.

参加会见美国心理学家

在会上发言

为中央国家机关提供心理健康服务

与南非心理学会签署合作协议

2008 年在汶川

2008 年在汶川地震灾区

在日本心理学年会上讲话

2008 年和国际心联负责人在一起

2010 年和第四军医大学同仁在心理所

2010 年和日本心理学家回忆往事

2012 年和瑞典心理学家合影